本书是国家自然科学基金项目"鄱阳湖水陆交错带人地关系演变的聚落空间响应"（41961043）的成果，获得国家自然科学基金项目"鄱阳湖流域山水林田湖草沙系统与区域经济系统耦合的多情景模拟研究"（42561050）的资助

鄱阳湖

水陆交错带生态韧性与景观格局研究

RESEARCH ON ECOLOGICAL RESILIENCE AND LANDSCAPE
PATTERN OF THE AQUATIC TERRESTRIAL ECOTONE OF
POYANG LAKE   钟业喜　欧明辉　王文慧 ◎ 著

经济管理出版社
ECONOMY & MANAGEMENT PUBLISHING HOUSE

图书在版编目（CIP）数据

鄱阳湖水陆交错带生态韧性与景观格局研究 ／ 钟业喜，欧明辉，王文慧著. -- 北京 ：经济管理出版社，2024. -- ISBN 978-7-5096-9875-4

Ⅰ．X321.256

中国国家版本馆 CIP 数据核字第 20241GW084 号

组稿编辑：杜　菲
责任编辑：杜　菲
责任印制：许　艳
责任校对：陈　颖

出版发行：经济管理出版社
　　　　　（北京市海淀区北蜂窝 8 号中雅大厦 A 座 11 层　100038）
网　　址：www.E-mp.com.cn
电　　话：（010）51915602
印　　刷：唐山玺诚印务有限公司
经　　销：新华书店
开　　本：720mm×1000mm/16
印　　张：16
字　　数：246 千字
版　　次：2024 年 10 月第 1 版　　2024 年 10 月第 1 次印刷
书　　号：ISBN 978-7-5096-9875-4
定　　价：88.00 元

前　言

鄱阳湖作为我国第一大淡水湖泊，对长江洪水具有调蓄功能，发挥着重要的生态功能作用。鄱阳湖水陆交错带作为过渡性地理空间的典型代表，是"江—河—湖"高质量发展和治理的关键地带。鄱阳湖生态经济区获批成为国家战略，鄱阳湖又是流域高质量发展和生态文明样板打造的重点区域，而鄱阳湖水陆交错带是该区域的最核心部分，是一个典型的山水林田湖草生命共同体。同时，鄱阳湖水陆交错带由于独特的自然环境和历史原因，形成了大量的乡（镇）、村等聚落景观，该区域人与环境相互作用强烈，是一个很具代表性的人地耦合系统，深刻反映了大湖流域的人地关系。

随着长江干流禁止无序采砂后，大量采砂船涌入鄱阳湖区作业，鄱阳湖砂石资源被无序开采。大规模采砂活动改变了鄱阳湖水陆交错带景观格局和形态的稳定性，破坏了鄱阳湖原有的生态环境。同时，乡村振兴战略的实施对聚落空间的营造起到极大的推进作用，但由于水陆交错带是洪涝灾害的多发地，生存环境较为恶劣，该区域的聚落发展并没有得到实质性的提升，人口空心化问题日益突出，聚落空间逐渐走向衰败，湖岛聚落濒临消亡。近年来，鄱阳湖渔业资源枯竭、环境恶化、洪水频发等问题受到政府的高度关注，随着国家政策的不断调整，渔民的传统生计发生了转型，大量耕地撂荒，渔村的农业景观发生明显的转型。

本书以鄱阳湖水陆交错带作为研究对象，分析整体的土地利用与景观格局动态演化过程，并构建"潜力—连通度—恢复力"三维综合评价体系，对鄱阳湖水陆交错带的生态韧性进行评估，归纳总结其生态韧性的时空演化规律。此外，通过定量分析采砂活动与鄱阳湖水陆交错带景观格局和形态的关系，探究鄱阳湖水陆交错带景观格局和形态变化的主要驱动力，并科学提取鄱阳湖水陆交错带的聚落边界，对湖岛型聚落形态进行归类，探讨不同政策时期下渔民生计变化对农业景观的影响，以及渔民生计与农业景观的关系，分析渔村农业景观格局的动态变化与转型，揭示其独特地理环境中的人地关系。

本书以国家自然科学基金项目"鄱阳湖水陆交错带人地关系演变的聚落空间响应"（41961043）为依托，是课题组共同努力的结果，钟业喜、欧明辉、王文慧对书稿进行了统筹、撰写和完善工作。其中，第一、第二章由钟业喜、欧明辉、王文慧完成，第三至第五章由王文慧、钟业喜完成，第六至第九章由欧明辉、钟业喜完成。在写作过程中还得到江西师范大学张乐和冯兴华老师、巢湖学院马宏智老师等的支持和贡献，在此一并表示最真挚的感谢！

需要说明的是本书涉及的地图为示意图，限于学识和能力，本书不妥与疏漏之处在所难免，敬请读者批评指正。

目　录

第一章

绪论

一、选题背景

（一）保护、修复和合理利用湿地成为广泛的研究课题

湿地作为水陆交互作用形成的特殊自然综合体，与森林、海洋并称为地球三大系统[1]，其在调节气候、涵养水源、抵御洪水和保护生物多样性方面具有不可替代的作用[2]。近年来，人类活动对全球湿地生态系统产生一系列不良影响[3]。据统计，全球约有一半的湿地已经消失，而且现存的湿地也在不断萎缩[4]。根据湿地资源调查结果，我国湿地面积减少率高达9.33%，湿地生态状况表现不容乐观[5]。

中国拥有众多湖泊，湖泊生态系统是水生生态系统的重要组成部分。水陆交错带是过渡性地理空间的典型代表，其又称为湖滨带，是水生生态系统与陆地生态系统的过渡性地带[6]。水陆交错带通过截留和过滤水分、沉积物等来协调水体周边的物质循环和能量流动，有利于降低水体对土壤的侵蚀程度、保护水源和改善水质，是生态交错带的主要类型，具有非常

重要的生态意义。我国水陆交错带总面积约为 $10×10^4$ 公顷，约占天然湿地面积的 38.5%[3]。近年来，随着工业化和城市化进程的加快，以及人类对自然资源的不合理开发与利用，人类活动对自然环境的干扰越发明显，湿地面积不断萎缩，水陆交错带的稳定性在不断降低。

（二）典型水陆交错带的案例研究亟待加强

鄱阳湖作为我国第一大淡水湖泊，是一个典型过水性、吞吐性和季节变化的湖泊，其水位变化主要受控于五河及长江，对长江洪水有调蓄功能[7]。鄱阳湖的水位和淹水面积根据干湿季交替变化，维持着流域内的湿地生态系统和生物多样性，显著影响水陆交错带植物群落的组成、分布和生物栖息环境[8]，而且鄱阳湖水陆交错带是世界候鸟重要的栖息地和越冬地。因此，鄱阳湖水陆交错带作为过渡性地理空间的典型代表，是"江—河—湖"高质量发展和治理的关键地带，其表现出典型的水陆相生态系统特征。鄱阳湖生态经济区获批成为国家战略[9]，鄱阳湖又是流域高质量发展和生态文明样板打造的重点区域，而鄱阳湖水陆交错带是该区域的最核心部分，是一个典型的山水林田湖草生命共同体[10]。自 21 世纪以来，人类活动对鄱阳湖的影响越发明显，尤其是大规模的采砂活动改变了鄱阳湖水陆交错带景观格局和形态的稳定性，破坏了鄱阳湖原有的生态环境。因此，维护鄱阳湖水陆交错带生态系统的健康对鄱阳湖生态安全具有重要意义。

（三）采砂活动深刻影响着鄱阳湖水陆交错带

随着全球经济社会的快速发展，社会建设对河道和湖泊砂石资源需求量越来越大，不合理的采砂活动对当地生态环境造成不良的影响，社会对采砂活动所引发的自然环境问题越发关注。采砂活动引发一系列负面影响，如河道形态和流速的改变、生物量的下降和流域生态环境的恶化等。自 2000 年开始，长江干流禁止无序采砂后，大量采砂船涌入鄱阳湖区作业，鄱阳湖砂石资源被无序开采，经过多年的大规模采砂后，鄱阳湖湖盆和入江通道形态发生明显的改变，鄱阳湖大规模的采砂活动引发众多专家学者的关注。关于采砂活动对鄱阳湖造成的影响，学者的研究主要集中在水位、水文泥沙效应和水文干旱化机制上。鄱阳湖作为我国第一大淡水湖泊，对长江洪水具有调蓄功能，发挥着重要的生态功能。过度采砂对鄱阳湖产生一系列不良的影响，事实上，学者们对鄱阳湖形态和景观格局造成影响的关注度不够[11]，未关注到采砂活动对典型生态敏感区域所造成的影响，更缺乏对水陆交错带的系统性探究。

（四）鄱阳湖水陆交错带湖岛型聚落空间形态的研究具有较强的现实意义

党和国家十分重视推进乡村振兴战略的实施和"统筹山水林田湖草系统治理"，鄱阳湖水陆交错带是典型的"山水林田湖草共同体"，其经过长期的发展形成了大量的乡（镇）、村等聚落景观。乡村振兴战略的实施对聚落空间的营造起到了极大的推进作用，但由于水陆交错带是洪涝灾害的多发地，生存环境较为恶劣，该区域的聚落发展并没有得到实质性的提升，人口空心化问题日益突出，聚落空间逐渐走向衰败，湖岛聚落濒临消亡[12]。鄱阳湖水陆交错带是过渡性地理空间的典型代表，是"江—河—湖"高质量发展和治理的关键地带，其表现出典型的水陆相生态系统特征。建设鄱阳湖生态经济区是国家战略[13]，鄱阳湖又是流域高质量发展和生态文明样板打造的重点区域，而鄱阳湖水陆交错带则是该区域的最核心部分，对周边乃至长江中下游地区的生态环境保护亦具有重要意义[14]。在鄱阳湖水陆交错带上的聚落是先民与水患长期博弈形成的，属于典型的湖岛水乡聚落，通过对聚落分析可以透视渔民生计方式的变更与发展，体现了渔民对当地环境的适应与改造，这种独特的人居环境营造是过渡性地理空间地域文化的典型代表，是人类智慧的结晶。根据《江西省国土空间总体规划（2021—2035 年）》的内容要求，鄱阳湖水陆交错带湖岛型聚落空间形态的划分和优化设计是大湖流域乡镇空间合理协调布局的基础性条件，这对于大湖流域国土空间整体保护与合理开发具有指导作用，为实现生态、农业和聚落空间合理布局，打造鄱阳湖山水林田湖草沙一体保护和修复区起着添砖加瓦的作用，这有利于分类划定湖岛内历史文化街区和传统聚落的历史文化保护线，既保护了特色地域文化，又塑造了魅力空间和良好协调的人居环境[44]。

（五）鄱阳湖水陆交错带渔村的生计转型与农业景观变化互动关系

随着 1978 年的改革开放，中国经历了快速的城市化和工业化。此外，大量劳动力离开农村，导致大量耕地撂荒，农业景观逐渐破碎化、异质性和复杂化[15]。同时，农户生计的转型导致了耕地撂荒。为此，人类活动深刻地影响了全球农业景观格局的变化[16-17]。社会经济发展是土地利用和土地覆盖变化的重要驱动因素，对景观的结构和功能产生了重大影响[18-20]。大量研究表明，社会经济因素决定了景观格局的变化[21-24]。此外，社会经济的发展通常是由政府的决策和规划所驱动的[25]。政策是自然因素和人为因素演变的重要驱动因素，如自然环境、社会经济条件、土地利用、景观模式和农户的生计[26]。城乡之间的发展差距导致了与土地和生计有关的各种问题[27]。作为强有力的国家宏观调控工具，政府政策是解决这些问题的可行办法。生计需要有选择地使用与特定环境、社会和文化条件密切相关的资源[28]。农户生计可以作为研究区域农业景观格局变化的重要视角。政策、生计与农业景观关系的研究主要集中在传统农业区、欠发达地区和生态脆弱地区，并且主要针对单一生计的农户[26,29-31]。在世界大部分地区，内陆渔业已被证明对粮食安全、环境健康和经济发展至关重要[32]，但学者们很少关注内陆淡水渔业捕捞区域和拥有多样化生计的渔业社区的农业景观。因此，为了揭示内陆淡水渔业捕捞区域的人地关系，有必要梳理不同政策时期渔民生计和农业景观格局的变化特征。

20 世纪 90 年代以来，鄱阳湖一直是长江流域最重要的渔区[33]。它是中国淡水鱼类资源最丰富的湖泊，湖岛沼泽土壤肥沃、灌溉用水充足。居住在湖上岛屿的人们不仅以捕鱼为生，而且还从事农业活动。因此，他们的生计是多样化的。近年来，鄱阳湖渔业资源枯竭、环境恶化、洪水频发等问题受到政府的高度关注[34]。随着洪水搬迁政策、禁牧、全面禁渔等国家政策的不断调整，渔民的传统生计发生了变化，许多渔民迁移到城镇，渔村大量耕地撂荒，农业景观发生了巨大变化。

（六）韧性理论为深入理解人地关系协调的内在交互机制提供重要途径

人地关系及其变化既是现代地理学研究的前沿主题，也是区域社会经济可持续发展面临的核心问题。人地系统是指人与自然相互作用形成的复杂适应系统，具有自组织性、难以预测性和非线性等特征[35-36]。在全球气候变化和城镇化快速发展的双重现实背景下，自然规律引致的灾害冲击和人类扰动增强，使人地关系地域系统的研究亟须引入新的方法和理论对其进行分析。随着人类对人地关系的认知转型，即由单向索取逐渐向追求人与自然和谐共生的可持续发展观念转变[37]，而韧性作为探究人类活动与地理环境之间相互作用的重要理论基础[38]，其强调的系统性、适应性以及跨尺度性等思维与人地关系地域系统所具有的复杂性和多样性等特征不谋而合。基于韧性理论理解人地关系协调的内在交互机制不仅有利于人地关系研究在地理学领域的深化，也有利于拓展韧性理论在人地关系地域系统当中的应用范畴。

提升生态环境韧性是实现区域全面推进生态文明建设的重要内容。生态文明建设是中国特色社会主义事业总体布局的重要方面，也是关系人民福祉、关乎民族未来的"千年大计"[39]。在应对环境污染严重、资源约束趋紧以及自然灾害频发的严峻形势下，党的十九届五中全会进一步指出，要将建立生态安全屏障和改善城乡人居环境作为"十四五"时期生态文明建设的首要目标。自改革开放以来，城镇化的快速发展过程中粗放式的经济增长模式导致区域生态系统所面临的风险与扰动加剧[40]，而增强生态环境韧性有助于提升区域生态空间的承载能力和适应能力，这已成为不断提高生态环境质量、确保生态文明建设稳步推进的关键路径。基于韧性理念构建科学系统的生态环境韧性评估框架是当前完善生态文明体系需要研究和解决的核心问题，其有利于揭示不同区域实现生态文明建设的差异化机制。

区域生态安全治理是对水陆交错带自然生态本底特征的重要响应。水陆交错带作为陆地生态系统和水生生态系统之间的过渡区域，是进行物质传输、能量转化以及信息交换的重要廊道[41]，同时其系统内部的人类活动与自然生态环境之间的相互作用强烈，不仅具有景观生态本底的脆弱性和敏感性等特征，而且具有人地关系地域系统的动态性与复杂性。近年来，由于水陆交错带地区受季节性淹没的影响及区域内建设用地不断压缩生态空间，导致地区面临的风险既包括自然灾害带来的急性冲击，也包括城镇化过程中不断增强的人类扰动所累积的慢性压力，从而进一步造成水陆交错带的生态系统发展缓慢且极不稳定。基于水陆交错带自然生态本底特征，区域生态安全治理能够有效解决水体污染、人地关系矛盾加剧、水土流失等生态问题，有利于揭示系统内部人地要素变化的空间响应机制，对于探索水陆交错带生态文明建设新模式、践行山水林田湖草生命共同体理念具有重要的示范作用。

二、研究目的与意义

（一）研究目的

在深入理解生态韧性内涵的基础上，本书首先借鉴景观生态学、地理学空间分析等研究范式，揭示鄱阳湖水陆交错带土地利用变化状况与景观格局动态过程，探测土地利用转换的关键区域。其次，构建鄱阳湖水陆交错带生态韧性研究框架与动态评估方法，利用评估框架和方法刻画研究区域生态韧性的时空异质性特征并归纳总结其演化规律；同时借助适应性循环理论的研究，对鄱阳湖水陆交错带各乡镇的韧性发展阶段落位进行分析。再次，从自然和社会经济双重视角出发选取鄱阳湖水陆交错带生态韧性的影响因素，探讨在不同时期影响区域内不同乡镇生态韧性发展的主导因素，进而揭示生态韧性的影响因素及其对人地要素变化的响应机制。最后，基于鄱阳湖水陆交错带生态韧性演化规律及影响因素分析，探究从山水林田湖草生命共同体理念和乡村振兴的背景出发，提出区域生态韧性提升的适应性治理措施。

近年来，由于长江干流禁止无秩序采砂，在房地产行业、建筑行业繁荣增长和采砂巨额利润的刺激下，大量采砂船涌入湖区作业，对水陆交错带产生一系列不良影响，如人为加速景观之间的转换和破坏景观格局的稳定性，促使水陆交错带形态发生改变，同时也改变水陆交错带与湖泊的交互作用条件，导致其缓冲作用下降，进而引起水质变差和引发洪涝灾害，在一定程度上会导致生物多样性减少[42]，损害水陆交错带的调节和供给功能[43]，破坏了生态系统的良性循环。人类活动对鄱阳湖生态环境造成一定的影响，尤其是大规模的采砂活动改变了鄱阳湖水陆交错带形态和景观格局的稳定性。因此，本书通过 Landsat TM/OLI 遥感影像对 2003~2017 年鄱阳湖水陆交错带范围和景观进行提取，定量测算采砂活动对鄱阳湖水陆交错带形态产生的影响，关注采砂重点区域的岸线和形态指数的变化，分析其景观转移和景观格局指数的变动，利用鄱阳湖相关的水文数据说明，水文情势对鄱阳湖水陆交错带景观格局与形态的影响不明显，并通过相关性分析说明采砂活动是鄱阳湖水陆交错带形态和景观格局变化的主要驱动力，为鄱阳湖水陆交错带的生态修复和管理提供科学的理论依据和参考。

鄱阳湖水陆交错带湖岛型聚落空间形态的划分和优化设计是大湖流域乡镇空间合理协调布局的基础性条件。为此，通过谷歌卫星遥感影像对聚落空间肌理进行矢量化，运用浦氏方法提取聚落边界，并运用分形几何学方法对聚落空间形态进行系统分析，结合实地调研，为鄱阳湖水陆交错带的聚落提出空间优化建议，为村庄的规划与保护提供参考，这保护了特色地域文化，对于大湖流域国土空间整体保护与合理开发具有指导作用[44]。

鄱阳湖是长江流域最主要的渔业捕捞区域，这里拥有肥沃的沼泽土和充足的灌溉水源[31]，又是东亚季风区最为典型的农业种植区[32]，因此，当地渔民的生计方式具有多样性。近年来，鄱阳湖由于渔业资源枯竭、生态环境恶化和洪涝灾害频发[33]，随着国家政策的不断调整，渔民转变了传统的生计方式，渔村空心化越发明显，耕地撂荒和集约化并存，农业景观格局发生显著的变化。通过分析政策驱动下渔民生计转型对农业景观格局所产生的影响，为鄱阳湖渔村农业景观格局优化提供科学依据，这有利于揭示其独特地理环境的人地关系。分析不同政策时期下农业景观的转变，同时揭示典型渔村农业景观格局的动态变化与转型，有利于发展和丰富土地利用转型理论。

（二）研究意义

1. 理论意义

通过研究人类活动对过渡性地带的影响，尤其是典型的水陆交错带，有助于丰富大江大河流域人地关系理论的拓展和深化[45]；分析采砂活动改变鄱阳湖水陆交错带的景观结构与功能演变，有利于景观生态学从关注自然要素层面转向重视"人的作用"[46]；运用数字岸线分析方法精确统计采砂集聚区域岸线的侵蚀强度，通过皮尔逊相关系数度量变量之间的关系，并对鄱阳湖重要水文数据进行讨论分析，保证研究结论的可靠性与科学性，增强研究结论的理论价值和指导实践价值。

初步建立鄱阳湖水陆交错带生态韧性研究的空间综合数据库，从静态维与动态维双重视角出发构建"潜力—连通度—恢复力"生态韧性三维评估体系，并基于适应性循环理论的研究对鄱阳湖水陆交错带各乡镇的生态韧性发展阶段进行落位，在一定程度上丰富了水陆交错带生态安全的研究内容和视角，为其区域生态安全的研究提供了定量分析框架。同时，厘清鄱阳湖水陆交错带生态韧性的时空演化规律，探讨各乡镇在不同时期内的主要影响因素，能够增强区域环境治理决策制定的精准性，有利于拓展韧性理论在流域生态系统中的应用范畴。

2. 现实意义

首先，科学合理界定鄱阳湖水陆交错带的实际范围，能为后续的相关研究提供支持；其次，通过分析鄱阳湖水陆交错带景观结构和景观指数的变化，为鄱阳湖开展生态安全监测提供数据支持；最后，通过定量分析鄱阳湖水陆交错带重要岸线和整体形态的变化，可以合理估算采砂规模，有利于为可采砂区域的划定和采砂管控提供科学的参考，为鄱阳湖的生态修复和管理提供科学的依据。

通过对鄱阳湖水陆交错带生态韧性的定量研究，探寻研究区生态系统韧性发展的关键要素和区域，从而进一步揭示人地关系对生态韧性的时空响应机制。结合适应性循环理论预测区域韧性的未来发展趋势并提出适应性治理策略，有利于探索鄱阳湖水陆交错带生态文明建设的新模式，推动区域高质量发展。在立足于山水林田湖草生命共同体理念的背景下，探究鄱阳湖水陆交错带自然生态本底与人类活动相互作用的过程和肌理，为流域生态系统保护和治理的实施提供一定的科学依据，对于江西乃至长江中下游社会经济的可持续发展具有深远的影响。

三、研究对象

（一）鄱阳湖概况

鄱阳湖位于长江中下游，其地理坐标为 115°49′~116°46′E，28°24′~29°46′N，是中国第一大淡水湖，也是世界十大湿地之一。鄱阳湖承接赣江、信江、抚河、饶河和修水五河来水，对长江洪水有调蓄功能，对长江下游城市的安全极为重要[47]。如图 1-1 所示，受季风性气候的影响，鄱阳湖年际水位变化明显。相关学者的研究表明，星子水位越高，鄱阳湖的淹水面积就越大，而且鄱阳湖的淹水面积在丰水期和枯水期相差较大[48]。据统计，湖口水文站的丰枯水期水位差接近 13 米[49]。鄱阳湖在丰水期呈现湖泊状态，枯水期则呈河流形态，如图 1-2 所示。

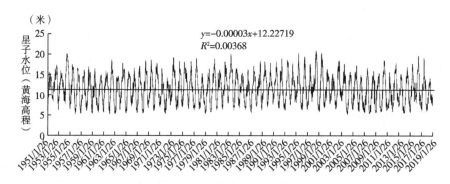

图 1-1　鄱阳湖星子水位年际变化

资料来源：江西省水文局的星子水文站。

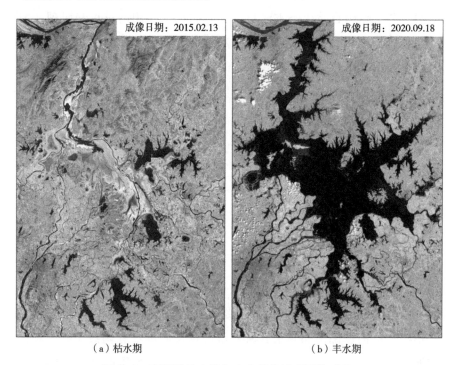

（a）枯水期　　　　　　　　　（b）丰水期

图 1-2　鄱阳湖枯水期与丰水期的遥感影像对比

资料来源：遥感影像，美国地质调查局官网。

鄱阳湖水位和淹水面积干湿季交替变化，维持着流域内的湿地生态系统和生物多样性，显著影响水陆交错带植物群落的组成、分布和生物栖息环境。同时，鄱阳湖独特的地理环境孕育着丰富的生物资源，鄱阳湖湿地成为世界候鸟重要的栖息地和越冬地，而且全国将近一半数量的长江江豚在此湖繁衍与生活。自进入 21 世纪以来，鄱阳湖在秋冬季节水文干旱化特征越来越明显，枯水期提前并且有延长的趋势，历史同期的枯水期水位值不断被打破，这严重威胁了鄱阳湖湿地安全，并引发社会和学者的广泛关注[50]。

（二）鄱阳湖水陆交错带范围概况

水陆交错带没有明确的划分标准，本书研究的鄱阳湖水陆交错带划分范围参考其他学者的研究，利用自然水位变化去划分，通常情况下是指最高水位线与最低水位线之间的部分[51]。鄱阳湖在高水位情况下，水域面积相对稳定，并且受到外围圩堤的影响，水域面积变化不大；而最低水位是在极端天气影响下才会出现的极端值，长时间内可能存在唯一性，用最低值去划分水陆交错带的内部范围只适合做静态的区域研究，而且容易忽略水陆交错带范围的动态变化。因此，本书研究的鄱阳湖水陆交错带的外围边界参考历年最高水位 22.48 米（湖口水位）的淹水范围，并且参照鄱阳湖圩堤图，实现鄱阳湖水陆交错带外围的界定和提取；鄱阳湖低水位具有明显的动态变化，为保证研究区域的连续性和一致性，采用极低水位值星子水位 6.2 米（上下波动不超过 0.44 米）作为鄱阳湖水陆交错带的内部边界，该值非常接近星子水位站多年最低水位平均值 5.98 米[52]。因此，本书的鄱阳湖水陆交错带范围为最高水位与极低水位之间的部分，其地理位置与范围如图 1-3 所示。

此外，本书研究鄱阳湖水陆交错带最高水位线所涉及乡镇的全域共包括南昌、九江、上饶三市 11 个滨湖县（市、区）的 85 个乡镇单元，鄱阳湖水陆交错带乡镇一级的行政区域也是本书的重要研究区域。

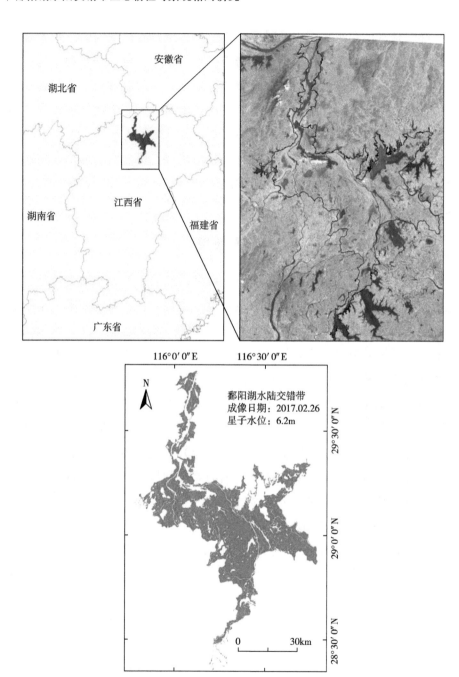

图 1-3 2017 年 6.2 米水位下鄱阳湖水陆交错带区位

（三）鄱阳湖水陆交错带湖岛型聚落

鄱阳湖水陆交错带是指最高水位与最低水位线之间的部分[51]，是水生生态系统与陆地生态系统的交会带，具有保护、连接、缓冲等生态功能[53]。由于鄱阳湖水位变动特别大，淹水面积也出现明显的年际变化：在枯水期，鄱阳湖的水位低，大面积的湿地裸露，湖岛与陆地连接，与外界的道路可以通行；在丰水期，鄱阳湖水位迅速上涨，湖岛四面环水，与外界交流相对困难，呈现孤立的状态（见图1-4）。因此，鄱阳湖水陆交错带保存了较为完整的传统聚落的9个湖岛，这9个湖岛分别是荷溪岛、吴城岛、南矶山岛、棠荫岛、莲湖岛、下山岛、长山岛、松门山岛和马鞍岛。

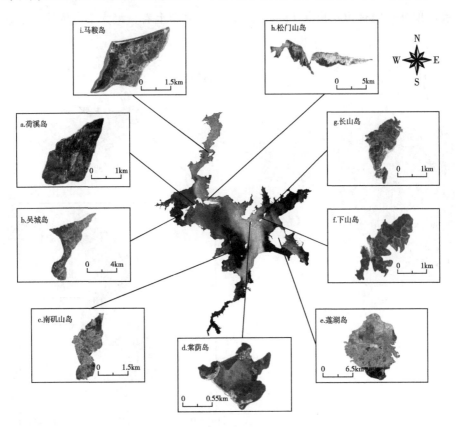

图1-4 鄱阳湖水陆交错带湖岛区位情况

（四）湖岛聚落的典型代表——荷溪村

鄱阳湖位于江西省北部长江下游。它是中国最大的淡水湖，面积约3960平方千米。据统计，鄱阳湖共有41个岛屿，岛屿下辖的50个行政村均为渔村。

荷溪村位于荷溪岛，该岛的范围就是村庄的实际范围。荷溪村是典型的鄱阳湖渔村（见图1-5），位于鄱阳湖腹地，村内设置三个泄洪区，能有效缓解鄱阳湖洪水期泄洪压力。该村地形北高南低，耕地资源十分丰富，旱地分布在北部高地，南部低洼区域拥有大量肥沃的沼泽土，十分适合种植水稻。经过长时间的繁衍生息，荷溪村的人口数量不断增长，村民数量顶峰时期有560户共1844人。从人口分布上看，绝大部分渔民生活在

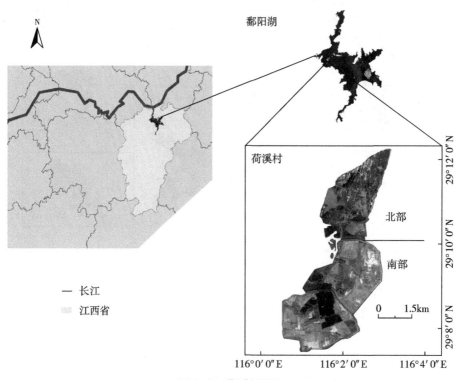

图1-5　荷溪村区位

北部高地，仅有少部分渔民生活在南部。1998 年长江中下游爆发百年一遇的大洪水，大洪水冲毁了荷溪村大量的房屋和和耕地，给渔民的生命财产造成极大的损失。随后，政府出台"移民建镇，退湖还田"政策，北部区域的渔民集中搬迁至地势较高的旱地，而南部所有的渔民统一搬迁至吴城镇。该村的渔民主要是指兼职渔民，渔民不仅靠渔业捕捞为生，而且从事农业种植活动，这塑造了独特的渔村农业景观。随后随着禁牧和禁捕政策的实施，渔民被迫转变生计方式，大量人口流失，耕地撂荒越发严重，农业景观格局逐渐转型。

四、研究内容

（一）鄱阳湖水陆交错带生态韧性的时空演化规律及其影响因素研究

本书以鄱阳湖水陆交错带为研究区域，选取 2000 年、2010 年和 2020 年作为研究时间断面，从静态维和动态维双重视角构建生态韧性的综合评价体系，开展鄱阳湖水陆交错带乡镇生态韧性的时空演化规律及其影响因素研究，主要内容包括以下四个部分：

1. 鄱阳湖水陆交错带乡镇土地利用变化与景观格局过程分析

基于鄱阳湖水陆交错带 2000 年、2010 年和 2020 年三个时间截面下的土地利用数据，运用土地利用转移矩阵、土地利用动态度等方法对鄱阳湖水陆交错带土地利用的数量结构及类型变化进行分析，识别研究区内土地利用转换的关键区域；借助景观格局指数分析方法，从类型、景观两个方面剖析鄱阳湖水陆交错带的景观格局时序特征和动态过程。厘清研究区内土地利用变化规律及景观格局特征，可为区域生态韧性的研究提供基础认知作用。

2. 鄱阳湖水陆交错带生态韧性评估框架构建和时空演化规律分析

在充分理解韧性理念的基础上，结合多源遥感数据，采用指标体系、自适应性循环模型等方法，构建"潜力—连通度—恢复力"生态韧性评估框架，重点探测鄱阳湖水陆交错带生态韧性的时空演变特征。同时将韧性评估框架嵌套至自适应性循环模型中，形成具有时空动态特征的生态韧性分析模型，基于此，运用空间自相关、自适应性循环模型等方法对鄱阳湖水陆交错带生态韧性进行关联格局和适应性阶段分析，着重探究空间尺度上的韧性集聚状况和时间尺度上的区域自适应性特征，并对鄱阳湖水陆交错带生态韧性时空变化的规律进行归纳与总结。

3. 鄱阳湖水陆交错带生态韧性的影响因素分析

生态韧性演化是自然及人文要素长期交互作用的结果，从自然和社会经济双重视角出发，选取植被净初级生产力、年总降水量等自然因子，人口密度、生产总值和土地开发强度等社会经济因子，以 85 个乡镇为研究单元，利用地理加权回归模型（GWR）对 2000 年、2010 年和 2020 年三个时间断面下的鄱阳湖水陆交错带生态韧性进行单因素影响的空间异质性分析，探讨在不同时期影响区域内不同乡镇生态韧性发展的主导因素，为后期区域生态韧性格局优化提供分析基础。

4. 鄱阳湖水陆交错带生态韧性的优化策略分析

在鄱阳湖水陆交错带土地利用和景观格局变化特征、生态韧性时空演化规律及影响因素等研究的基础上，提出鄱阳湖水陆交错带生态韧性提升的适应性治理策略。在自然和人文要素层面，尝试从山水林田湖草生命共同体理念和乡村振兴的背景出发，提出区域生态韧性格局优化措施。基于研究区全域和各乡镇两个维度提出的生态韧性优化策略不仅有利于不同区域实现环境治理的因地制宜，也有利于鄱阳湖流域整体视角下生态韧性的提升与优化。

（二）采砂活动对鄱阳湖水陆交错带景观及形态的影响

近年来，鄱阳湖秋冬季节干旱化非常明显，主湖区大面积湿地裸露，水陆交错带面积不断扩张，整体景观格局发生明显的改变，这对鄱阳湖生态安全产生显著的影响。为此，通过探讨鄱阳湖采砂规模与时空变化特征，结合水文数据进行分析，有利于定量测算采砂活动对鄱阳湖水陆交错带景观格局和形态造成的影响，这对鄱阳湖科学管理和生态修复具有重要的意义。本书利用 Landsat 系列卫星遥感影像提取采砂船数量和空间位置，并分析鄱阳湖水陆交错带景观结构和景观格局的演变特征，探讨采砂活动对鄱阳湖水陆交错带的内部主要岸线的侵蚀强度，及导致局部和整体形态的改变，结合水文数据分析，说明采砂活动是导致鄱阳湖水陆交错带景观格局和形态变化的主要影响因素，为鄱阳湖管理与治理提供参考。研究的具体内容如下：

（1）采砂船的时空分布特征和规模变化。利用 2003 年至 2017 年 8 月鄱阳湖丰水期的 Landsat 系列卫星遥感影像数据，利用波段 5、波段 4 和波段 1 的红绿蓝（RGB）彩色合成确定浑浊水体范围，然后在浑浊水体附近，利用中红外波段的黑白影像判别采砂船的位置[50,55]，并通过核密度和标准差椭圆方法分析采砂船的空间聚集情况。

（2）通过对星子水位数据与 Landsat 系列卫星遥感影像进行筛选，本书统一采用极低水位星子水位 6.2 米来确定不同年份鄱阳湖水陆交错带的内部边界，用该方法提取的水陆交错带范围具有很强的科学性，为后续的研究提供支撑。在确定具体研究范围后，采用监督分类方法，结合阈值法和目视解译的方法对鄱阳湖水陆交错带进行景观分类和提取，通过统计方法分析鄱阳湖水陆交错带的整体范围和景观结构的变化，并从类型水平和景观水平层面上定量分析鄱阳湖水陆交错景观格局指数演变特征。

（3）探讨鄱阳湖水陆交错带岸线与形态的演变特征。通过新型水体指数提取鄱阳湖水陆交错带的岸线，根据主要的内部岸线的变迁情况，测算采砂活动对岸线的侵蚀，并分析岸线的变化速率，定量测速采砂对水陆交错带的侵蚀强度。此外，根据形态指数分析鄱阳湖水陆交错带局部和整体的形态变化。

（4）通过皮尔逊相关系数分析采砂规模分别与鄱阳湖水陆交错带景观

格局指数和形态指数的相关性，并结合重要的水文数据进行讨论，尤其是鄱阳湖冲淤变化，说明采砂活动是鄱阳湖水陆交错带景观形状复杂化和形态变化的主要驱动力。

（三）鄱阳湖水陆交错带湖岛型聚落空间形态特征

聚落作为人类活动的主要场所之一，是自然条件和社会环境的综合反映。聚落研究是人地关系地域研究的重要领域，是全球变化过程中自然与人文交叉影响最为密切的问题之一[56-57]。乡村聚落形态是指乡村聚落的平面展布方式，受气候、地形、地质构造、水文条件等影响，其形成与发展和一定时期的社会生产力与发展阶段密切相关[58]。聚落是地理学、建筑学和城乡规划学等学科领域共同的研究对象[59]，并且国内外学者对聚落空间形态做了大量有益的探讨，在实际对聚落的规划设计和保护中，我们更需要关注的是聚落原有的空间形态，其自然生长的过程更多体现的是内生性，是"自下而上"的组织变化。聚落空间形态是地域文脉的物质载体，原有的聚落空间形态是规划的基础，深刻理解与把握聚落自然生长形态是规划的必要前提条件[60]。此外，在实际的研究与规划中对过渡性地带聚落的关注较少，尤其是水陆交错带上的湖岛型聚落。为此，在深入地实地调研中发现聚落空间存在的问题并探讨总体的用地结构特征，为鄱阳湖水陆交错带的聚落提出空间优化建议，为村庄的规划与保护提供参考。

（四）鄱阳湖水陆交错带典型聚落的生计转型对农业景观的影响

自 20 世纪 90 年代以来，鄱阳湖一直是长江流域最主要的渔业捕捞区域。鄱阳湖既是中国第一大淡水湖，其经历长时间历史的变迁，湖泊周围沉积大量的有机物，拥有肥沃的沼泽土和充足的灌溉水源[33]，得天独厚的条件让鄱阳湖单位水稻产量为全国最高。同时，鄱阳湖既是中国淡水鱼资源最为丰富的湖泊，又是东亚季风区最为典型的农业种植区[34]，生活在这里的渔民既靠渔业捕捞为生，又从事农业种植活动，其生计方式具有多元化特征。近年来，鄱阳湖由于渔业资源枯竭、生态环境恶化和洪涝灾害频发[61]，这引起政府的高度重视。随着国家政策的不断调整，先后出台洪水搬迁、禁牧和禁捕等政策，渔民转变传统的生计方式，大量劳动力迁移至城镇，耕地撂荒和集约化并存，农业景观格局发生明显的改变。本书选择鄱阳湖典型的渔村——荷溪村为研究区域，通过构建科学合理的研究框架，对鄱阳湖农业景观格局转型进行深入探讨。通过分析政策驱动下渔民生计转型对农业景观格局所产生的影响，为鄱阳湖渔村农业景观格局优化提供科学依据，这有利于揭示其独特地理环境的人地关系。

五、研究方法

（一）文献综述法

通过查阅相关文献及时了解水陆交错带景观变化及生态韧性在各学科领域内的相关理论和方法，把握当前景观格局与生态韧性研究的现状和发展趋势，对其进行归纳及梳理并构建鄱阳湖水陆交错带景观变化及生态系统韧性研究相关的文献管理库，为本书研究提供科学前沿的理论与视角以及研究的总体思路，提炼出水陆交错带景观及生态韧性优化的策略与发展路径。

（二）遥感分析法

遥感技术在景观生态学的研究上发挥着重要的作用，经常用于城市、流域、森林、湖泊、湿地以及耕地进行动态监测和评估，主要使用遥感影像对遥感信息进行提取和分析。因此，本书研究利用遥感指数法对鄱阳湖水陆交错带景观进行提取分析，解译的精度符合实际的研究要求。此外，鄱阳湖的采砂作业区主要分为大型抽砂泵式采砂船和运砂船，利用遥感影像提取鄱阳湖采砂船的空间分布具有明显的优势。

（三）景观、岸线与形态分析方法

土地利用转移矩阵、土地利用动态度、土地开发强度指数（LDI）和景观指数描述了区域景观格局及其变化，是景观生态学中广泛的定量研究方法。土地利用转移矩阵用以描述区域内各土地利用类型变化的结构特征和变化方向，不仅包含了不同土地类型的静态信息，而且能够显示出土地覆被类型之间的相互转换关系，直观地反映了各土地类型在转换前后的结构特征。土地利用动态度反映在一定时间内区域土地利用的变化速度，主要分为单一土地利用动态度和综合土地利用动态度。土地开发强度指数（LDI）通常被定义为不透水面占区域土地总面积的比例，是表征土地开发模式的重要特征。景观指数作为景观空间格局的重要研究方法，既是反映景观空间异质性的定量化指标，也是能够有效衡量景观功能的关键因子[62]。本书研究主要从类型水平和景观水平两个层次出发，并进行鄱阳湖水陆交错带景观格局的动态研究。

分析岸线时空变化的方法一般采用基线法，基线法采用美国地质调查局（USGS）研发 DSAS 数字岸线分析系统，该方法用来计算岸线移动和变化的速率，从而实现定量化分析水陆交错带岸线时空变化，并通过形态指数定量描述水陆交错带形态变化和复杂化程度。

（四）空间分析法

空间分析是地理信息系统的重要功能，也是地理学相较于其他学科具有相对优势的分析方法，通过多时间截面下的空间分析基本可以实现时空、动态与静态相结合，以充分挖掘空间数据背后的重要信息与发展规律。本书通过空间可视化、空间自相关等方法刻画鄱阳湖水陆交错带生态韧性的时空演化和关联特征；运用地理加权回归模型探测不同解释变量对区域生态韧性的时空影响。此外，利用核密度和标准差椭圆分析了鄱阳湖采砂活动在空间集聚和迁移方向。基于采砂船地理坐标数据，在 ArcGIS 10.2 软件平台选择空间分析工具中的核密度分析（Kernel Density Anaylsis）建立鄱阳湖不同年份采砂船的核密度分布图。标准差椭圆分析方法常常被用于分析点要素空间特征，通过这一种方法可以了解鄱阳湖采砂船的延伸和迁移方向趋势。

第二章
研究进展与理论基础

一、国内外研究现状

（一）水陆交错带的定义

生态交错带作为过渡性地带的典型代表，又被称为生态过渡带和生态脆弱带[63-64]。1987 年，巴黎 SCOPE 会议把生态交错带定义为相邻生态系统间的过渡地带。此外，有学者把景观交错带定义为相邻物质景观系统之间的特色地带[65]。值得注意的是，水陆交错带既是景观交错带，又是生态脆弱带。水陆交错带是指水生生态系统和陆地生态系统之间进行物质传输、能量转化、信息交换的重要廊道，具有显著的边缘效应与特殊的生态过程[66-68]，近年来越来越受到国内外生态和环境学界的重视。水陆交错带是生态交错带的类型之一，其又可以细分为滨湖交错带、滨河交错带、源头交错带和地下水/地表水交错带四种不同的类型[3]。

20 世纪 70 年代，Thomas 等、Meeban 等将水陆交错带定义为陆地生态系统与水体生态系统之间发生作用的植被区域[69-70]，这是文献首次记载水陆交错带的定义。20 世纪 80 年代初，Stevenson 和 Hauer 认为水陆交错带是在水生生态系统和陆地生态系统之间的区域，具体范围是从洪水边界到植物林冠的顶端[71]。Lowrance 等认为水陆交错带是一个模糊的区域，边界不明确，并将其定义为近邻水域的植物群落及其生境集成区，具有线性空间结构[72]。90 年代，Polone 和 Todd 认为水陆交错带是一个可以进行物质能量交换的近水体植物生态系统[73]。21 世纪后，水陆交错带被定义为最高水位与最低水位之间的区域[74]。

相对于国外，国内不同学者对水陆交错带的定义较晚，同时也有不一样的看法。20 世纪 90 年代，陈吉泉认为水陆交错带是介于河溪和高地植被之间的生态过渡带，同时也是最典型的生态过渡带，其具有明显的边缘效应[75]。21 世纪初，戴金水认为水陆交错带是水生生态系统和陆地生态系统之间进行物质、能量、信息交换的过渡带，完整的水陆交错带包括陆向辐射带（保护带）、水位变辐带和水向辐射带三个部分[76]。随后，杨胜天等认为水陆交错带在天然形态上表现为线性，在位置上临近水体，并且没有明确范围和边界，在生态功能上属于水陆生态系统的过渡带，具有明显的边缘效应[77]。夏继红认为水陆交错带是一个结构稳定、功能完整、动态平衡的生态系统[78]。马宏智等从人地关系视角对水陆交错带进行划分，并从水位变化区域和乡镇一级行政区域去划分水陆交错带[51]。本书所涉及的"水陆交错带"是利用自然水位去划分，由于鄱阳湖年际水位和淹水面积变化剧烈，对于界定鄱阳湖水陆交错带有一定的难度和不确定性，从自然角度去划分水陆交错带具有一定的科学性和可行性，从极低水位界定水陆交错带内部边界，遵循了鄱阳湖整体性和时间序列的多维变化。

（二）水陆交错带的研究进展

水陆交错带具有重要的生态功能，国内外有关水陆交错带的研究内容主要集中在自然环境和生态修复上。早在 20 世纪 50 年代，国外学者就关注了水陆交错带，并且把生态系统能量流动理论引入水陆交错带的研究中[79]。70 年代，水陆交错带的研究从关注植物群落拓展至动物身上[80]。八九十年代，大量学者开始关注水陆交错带在降低人类活动造成的径流污染中发挥着重要的作用[81]，如 Heathwaite 等发现水陆交错带的草带对减少农业非点源污染有着明显效果，尤其是草带对氮磷的吸收和过滤，使得河流水质得到明显的改善[82]。随后，学者们开始关注水陆交错带的空间异质性与生物多样性的关系，相关研究表明，水陆交错带的植物物种丰富度高，并且具有很强的地域性[83-84]。Renofal 等发现洪水干扰的年际变化可能是造成水陆交错带物种丰富度出现梯度变化的最重要因素[85]。随着全球气候变化、人类活动干预和社会经济发展，80% 的水陆交错带正面临退化[86]，人地关系矛盾日益突出，学者们越来越关注水陆交错带出现生态环境质量下降和生态系统退化的问题[87-88]，并且从不同视角对水陆交错带退化的机制进行探讨。

相对于国外，国内学者对水陆交错带的研究起步较晚，但发展比较迅速。国内有关水陆交错带的研究主要集中在生态功能、景观变化和植物群落等方面。20 世纪 90 年代，尹澄清等探讨了水陆交错带对陆源营养物质的截留作用[89]，并认为水陆交错带具有很强的生态功能，可维持生物物种的多样性，有利于鱼类的繁殖、净化水体、降低洪水危害、保持水土、稳定毗邻的生态系统等[90]。21 世纪初，有学者开始对水陆交错带景观格局进行研究，如汪朝辉等利用遥感影像数据分析了洞庭湖区水陆交错生态脆弱带景观格局的变化，发现研究区的景观破碎程度加剧，景观多样性增加，优势度下降，并且评估了退田还湖、移民建镇和自然保护区建设等政策措施的积极成效[91]。姚飞等利用景观格局指数和地理空间插值法分析了巢湖水陆交错带土地利用景观格局梯度的变化，发现景观破碎度与景观多样性在空间分布及梯度变化上具有较高的一致性，斑块面积和用地布局对景观优势度影响较大，各个样带的景观连通性都比较好，这揭示了研究区景观格局变化的基本特征，进而揭示了人类活动对景观格局的影响方式与程度[92]。李青山等对漓江水陆交错带多种植物根系进行了系统研究，该区域典型灌木群落各土层根长密度差异性显著，根长密度与全氮含量、有机质呈正相关，与有效磷含量呈负相关；由于漓江水长期受人类活动的影响，导致受江水干扰大的江心洲和缓坡有效磷含量远远大于人工岸坡和陡坡，这揭示了特殊空间对植物根系的影响[93-95]。

总体来说，国内有关于水陆交错带这一独特的地理过渡性空间的景观变化研究不多，而且缺乏对人为驱动力的探究，鲜有学者探讨人类活动对水陆交错带的形态和景观格局产生的影响。在研究区域方面，有关水陆交错带的研究主要关注洞庭湖、漓江和巢湖等区域，对年际水位波动较大的鄱阳湖的研究较少。

（三）鄱阳湖的研究进展

鄱阳湖是我国第一大淡水湖泊，其在调节长江水位、涵养水源、改善当地气候和维护周围地区生态平衡等方面发挥着巨大的作用[96]。目前，关于鄱阳湖的相关研究，多集中在水文过程、湿地景观的变化、生物量和候鸟生境上，特别是对鄱阳湖水位的变化及其与长江的交互作用的探讨。在鄱阳湖水文过程的研究方面，学者多采用重要水文数据和遥感影像分析鄱阳湖不同季节水文特征的动态变化[97-99]，如孙芳蒂和马荣华利用鄱阳湖水位与 MODIS 数据对水位、水域面积和水量变化进行研究，发现鄱阳湖淹水面积季节变化与长江和流域内河流有着密切联系，并且鄱阳湖流入长江的水量具有明显的季节性，一般五六月流入长江的水量高于七八月，主要因为七八月长江中上游降水增多，长江干流水量较大，对鄱阳湖湖水倒灌有一定的顶托作用[49]。

在湿地景观的研究方面，多利用遥感影像对鄱阳湖湿地景观进行提取，并且关注了鄱阳湖水位变化的景观响应[100-101]，李仁东和刘纪远利用2000 年的 Landsat ETM 遥感数据，首次采用全数字化遥感定量方法对鄱阳湖湿地植被的生物量及其分布进行调查研究，发现春季鄱阳湖植被主要集中在湖区西南、西部及东南部[102]。在生物量的研究方面，学者主要研究鄱阳湖洲滩植物群落[103]、浮游植物[104]、藻类[105-106]和湖底鱼类资源的时空分布特征与驱动机制[107-108]。吴桂平等利用 MODIS 植被指数产品和同期的植被生物量调查资料，建立了湿地植被生物量的遥感估算模型，发现不同深度的生物量存在差异，高程越低，生物量越低，鄱阳湖多年平均生物量呈现"岛屿型"空间分布模式，其中，水位的周期性涨落是影响其变化的一个重要干预因子[109]。鄱阳湖作为世界重要的候鸟栖息地，学者们对鄱阳湖候鸟栖息地的关注日益重视，研究多集中在水位过程对栖息地的影响[110]和栖息地污染问题上[111]。夏少霞等运用遥感和空间分析技术，确定了典型年份以及特征水位下候鸟栖息地的面积，分析了栖息地面积及其内部结构与水位之间的关系，发现鄱阳湖候鸟主要分布在草滩、泥滩和水深不超过60厘米的浅水区域，星子水位在11~12米（吴淞高程）时，鄱阳湖候鸟栖息地的面积最大，当水位再升高，候鸟的栖息地面积会急剧缩小，当星子水位超过14米时，可能无法满足候鸟实际的栖息需求，高水位会导致候鸟栖息地缩小[112]。

鄱阳湖研究更多关注的是自然生态环境的演变过程和现状分析，缺少对人类活动对鄱阳湖造成的生态影响的探究。实际上，大规模的人类活动会改变鄱阳湖自然演化稳定的机制，如长期的围湖造田、围堤建坝、兴修水利和采砂活动等一系列人类活动，必然破坏了鄱阳湖稳定的生态系统和降低该区域的生境质量，尤其是采砂活动会导致水位、淹水面积、湖床和子湖形态等发生改变，进而影响了鄱阳湖整体形态与景观格局。

（四）采砂活动对自然环境的影响

随着全球经济社会的快速发展，社会的建设对河道和湖泊砂石资源需求量越来越大，不合理的采砂活动对当地生态环境造成不良的影响，学者们对采砂活动所引发的自然环境问题越发关注。国外学者多关注发展中国家采砂活动所引发的负面影响，如河道形态和流速的改变、生物量的下降和流域生态环境的恶化等。Kim等利用水文形态模型分析越南安江省湄公河采砂对河底形态的影响，发现采砂使侵蚀通道向砂坑方向移动，即使砂矿停止作业，但由于缺乏砂石，河床恢复缓慢，增淤速度较小（0.25米/年），最终导致河道侵蚀速度更快[113]。此外，近年来的河床采砂活动改变了许多东南亚三角洲的河口形态和淤积模式[114]。Zou 等研究了采砂对大型浅水湖泊无脊椎动物的灾难性影响，认为采砂活动显著增加了采砂区及周边水体中悬浮颗粒物、总氮、总磷和叶绿素 a 的含量，采砂区大型无脊椎动物密度和生物量分别减少了 39.80% 和 99.54%，由于采砂的直接疏浚导致湖泊水体浑浊，大多数大型无脊椎动物的种群数量和健康状态都出现了明显下降，而且在邻近疏浚活动的区域，疏浚引起的高浑浊水也导致大型无脊椎动物密度和生物量分别下降 28% 和 79%[115]。Mingist 和 Gebremedhin 分析了渔业和采砂的原始数据，研究表明采砂严重影响了矿区河流的生态环境，干扰了鱼类的洄游路线，造成了鱼类产卵场的丧失，并且不受管制的采砂也与渔业管理和环境利益相冲突[116]。Sreebha 和 Padmalal 通过科学评估采砂对印度西南海岸重要河流的环境影响评价（EIA）表明，与采砂和加工有关的活动不仅影响了河流生态系统的健康，而且在很大程度上导致了该流域土地退化[117]。

国内的学者对采砂活动的研究多关注长江中下游的环境变化，尤其是对鄱阳湖的采砂问题研究。自 2000 年开始，长江干流禁止无序采砂后，大量采砂船涌入鄱阳湖区作业，鄱阳湖砂石资源被无序开采，经过多年的大规模采砂后，鄱阳湖湖盆和入江通道形态发生明显的改变，鄱阳湖大规模的采砂活动引发众多专家学者的关注。关于采砂活动对鄱阳湖造成的影响，学者的研究主要集中在水位、水文泥沙效应和水文干旱化机制上。

在采砂活动对鄱阳湖的影响研究方面，学者们多采用鄱阳湖基础数据和遥感影像进行评估分析。Ye 等通过数字高程模型分析了湖盆地形的变化，并基于神经网络框架对湖泊水文的时空响应进行了定量评价，大致估计出鄱阳湖每年的采砂量达到 0.96×108 吨，湖底地形发生巨大变化，尤其是松门山以北的入江通道拓宽挖深导致湖水流出量年均增加 182.74 立方米/秒，进而使得鄱阳湖水位下降 0.23~0.61 米[118]。赖锡军等利用水位和流量数据定量测算了鄱阳湖泄流能力特征及其变化，发现在 21 世纪之前鄱阳湖的泄流能力基本维持不变，随后迅速提高，再逐渐变得稳定，其中采砂活动引起的湖口过水断面显著变化，造成湖口水道的过水能力明显提高，改变了鄱阳湖泄流能力，导致鄱阳湖水量平衡发生变化，这从理论上证明了采砂活动是导致鄱阳湖枯水期干旱的最主要原因[119]。胡振鹏和王仕刚通过计算鄱阳湖出入湖输沙数据，并利用三次典型断面测量数据分析，认为采砂加剧了河床侵蚀，2000~2010 年通江水道的采砂量相当于自然冲刷量的 45%，2010~2020 年采砂量高达 8157×10^4 立方米，相当于自然冲刷量的 45%，入江水道的侵蚀导致枯水期湖水位全面降低，泥滩地转变成的苔草群落为主的草滩，江心洲在冬季出现大片蓼子草群落，这直接改变了鄱阳湖湿地的洲滩植被分布格局[120]。江丰等利用卫星遥感影像数据分析了 2000~2010 年鄱阳湖采砂船的时空分布特征，结合湖盆地形数据，估算采砂规模及采砂的水文泥沙效应，发现 2007 年之前采砂船主要集中在松门山以北的入江通道，随后采砂活动不断扩张至湖泊中部，2001~2010 年鄱阳湖采砂量高达 1.29×10^9 立方米，采砂面积达到 260.4 公顷，使得鄱阳湖的库容量增加了 6.5%；大规模的采砂活动扩大了通江河道的过水断面面积，加速了鄱阳湖湖水注入长江，采砂活动是引起鄱阳湖秋冬枯水期提前和延长的主要原因，并且影响了长江中下游和鄱阳湖的泥沙平衡[55]。齐述华等利用 Landsat 卫星系列遥感影像和长时间序列水文数据分析鄱阳湖水文特征变化，认为鄱阳湖采砂船的数量与规模都远超过规划限额，采砂范围持续扩大，生态敏感区也频繁出现采砂活动，鄱阳湖采砂在 2003~2016 年存在明显的滥采、盗采和超采现象，采砂活动导致入江通道加深、加宽是鄱阳湖秋冬季水文干旱化的重要原因[50]。

总之，采砂能够为城市建设和工业发展提供原料，产生一定的经济效益，但是采砂活动所引发的生态环境问题应引起重视。国内外学者都关注到采砂活动改变了河道形态、水文情势，破坏了生物栖息地，并引发了流域生态安全问题。鄱阳湖作为我国第一大淡水湖泊，对长江洪水具有调蓄功能，发挥着重要的生态功能。过度采砂对鄱阳湖产生一系列不良的影响，事实上，学者们对鄱阳湖形态和景观格局造成影响的关注度不够[11]，未关注到采砂活动对典型生态敏感区域所造成的影响，更缺乏对水陆交错带的系统性探究。

（五）景观格局的研究进展

景观格局是景观生态学的核心内容，景观组成和配置是影响生态系统功能和生境质量的重要因素。国外学者运用景观生态学理论和景观格局分析方法研究大江大河流域比较早，并且积累了丰富的研究成果[121]，而我国对景观生态学理论的研究与运用起步较晚，主要引用国外学者对景观生态过程的研究方法和理论框架，近年来，国内有关景观生态学的研究也取得了丰硕的成果[122-123]。

20世纪80年代，Foman和Godron研究不同景观的基础上提出"斑块—基底—廊道"的景观生态学模式[124]，此阶段景观生态学的研究方法以定性为主。20世纪90年代之后，学者结合土地利用数据，航拍影片和高分辨率卫星遥感影像[125]，并且运用统计学方法、数学方法和计量地理方法进行分析，景观格局的研究由定性研究方法转变为定量分析。Gluck和Rempel利用卫星遥感影像对加拿大安大略省西北部山火后和砍伐后景观的结构特征进行分析，并利用景观分类数据计算空间特征，发现发生山火前的山地景观斑块的面积更大，形状更加不规则，景观结构的差异在大尺度上比在小尺度上更为明显[126]。进入21世纪后，学者们不断丰富景观格局理论，不断对景观格局分析方法进行优化，并关注了地表起伏对景观格局带来的影响，如Wu等提出三维景观格局度量方法，有效地减少了在山区中运用传统的二维景观格局分析方法所导致的实际误差[127]。Dorner等把地形因素融入景观格局分析方法中，使量化地形对景观格局的影响成为可能，这一方法有助于区分地形约束的影响和干扰[128]。

在研究方法上，目前常用的景观格局定量测算的方法主要有景观格局指数、空间统计学分析方法、景观转移矩阵和移动窗口法，这些定量测算的方法是研究景观空间结构分析的主要手段，也是开展研究的基础手段[129]，Yeh和Huang通过景观多样性指数研究1971~2005年我国台北都市圈时空分布格局，以找出景观多样性变化显著的区域，研究还发现了城市化进程对景观多样性的响应规律，并对城市增长理论进行了检验[130]。Li等通过景观转移矩阵分析了 1980~2015 年雅鲁藏布江流域景观的动态变化，并且利用半变异函数模型确定了研究区域的最佳尺度，采用传统的景观指数法和移动窗口法分别在类型和景观层面对流域景观格局进行了研究，发现该流域从上游到下游，景观破碎化程度和多样性逐渐增加，未利用地破碎化程度最高，城市景观斑块集聚程度增加[131]。

在研究内容上，国外学者对景观格局的研究主要关注其对生态服务价值的影响[132-133]、"格局—功能—结构"及其产生的生态效应，尤其是关注景观结构的变化对热岛效应的作用变化[134]。Roces-Diaz 等分析了西班牙西北部生态系统服务功能的空间分布格局，通过空间分析和景观指标的选择，探讨了生态系统的空间格局，结果表明，生态系统服务功能的空间格局存在不同尺度的差异，同时，景观结构在其中发挥着重要的作用[135]。Kim 等利用空间自相关和多元线性回归模型，评估城市周边景观空间格局与地表温度的关系，研究结果表明，面积较大、连通性较好的景观空间格局与地表温度降低呈正相关，而破碎度较高的景观格局与地表温度降低呈负相关[136]。

国内学者主要关注区域景观动态分析、景观格局模拟预测与分析、景观格局优化、景观驱动机制等研究，更加注重区域生态环境的优化、管理和保护。田鹏等研究东海大陆海岸带地貌类型与景观动态变化特征，发现山地的景观变化剧烈程度最高，其后是丘陵和台地，平原的景观变化剧烈程度最低[137]。秦钰莉等通过构建 MCE-CA-Markov 复合模型模拟 2025 年鄱阳湖南部湿地的景观格局变化，结果表明，2025 年鄱阳湖南部湿地的耕地和未利用地的面积将持续减少，建设用地和林草地面积不断增加，水域面积无明显变化，这说明该区域景观格局变化较为活跃、生态环境压力大，需要对耕地进行保护和合理利用未利用地[138]。史娜娜等利用空间主成分分析法对新疆南部地区风沙扩散风险进行评价，发现新疆南部风沙地区致灾因子危险性较高，孕灾环境较脆弱，并借助最小累积阻力模型进行分析，构建 20 条生态廊道连通了生态源地，提出可以通过修建防护林带，提高地表植被覆盖等措施降低风沙扩散风险等方案，为我国风沙扩散地区景观优化提供技术支撑[139]。宋乃平等运用遥感影像与访谈调查、地学考察相结合的方法，对农牧交错带的宁夏盐池县皖记沟村的景观变化特征进行分析，结果表明景观演变的主要驱动机制是环境、政策与人类需求的综合作用，政策往往通过调整人类活动促使景观发生改变，环境则通过生态系统内在驱动力，促使该区域景观朝着与本底条件相适应的方向演替[140]。

在研究对象上，国外学者的研究多集中在城市与农业区的景观结构的探究[141-142]，Torres 等使用多个尺度量化了西班牙城市扩张和景观破碎化的空间格局，并对景观破碎化和城市蔓延进行地理加权回归模型分析，城市的扩张对景观破碎化格局的贡献程度因地而异，主要取决于城市的规模，城市的规模和组织层次越高，则贡献度较大[143]。Ruiz-Martinez 等利用 SPOT 遥感影像对意大利比萨的四种"农业—城市"模式进行评估，研究表明尽管种植经济作物的土地一直存在，但大部分的城市农业用地面积有所增加，城郊的农业用地格局保持稳定，但高度破碎化的农业用地有所减少[144]。Wolff 等使用了来自德国联邦勃兰登堡州综合管理和控制系统（IACS）的地块级数据，并基于两步聚类分析确定了六种类型的农业景观，研究表明勃兰登堡州的农业用地最高比例是农田，但农田的分散程度不同，有机经营的土地与玉米种植面积高的土地表现出较强的空间自相关性，而且呈现局部集聚，并认为社会对农产品需求的增加导致了农业用地管理的加强，同时还导致了景观同质化，这不利于生物多样性的维系和景观在提供生态系统服务方面的稳健性[145]。

国内学者多关注山区、流域景观的变化、植被景观演变规律、自然保护区景观变化状况和乡村景观更替等方面[146-148]，这有利于景观格局理论运用于不同的区域研究中，并能为不同区域景观优化与管理提供科学的建议。黄孟勤等提出了山区农业景观格局转型理论框架，从整体—微观的角度解析三峡库区草堂溪流域的农业景观格局转型特征，发现果园与撂荒地的扩张明显压缩了坡耕地的空间，这使得区域景观多样性增强，通过归纳农户耕种范围内的农业景观，该区域农业景观转型主要存在四种模型，在社会经济因素的驱动下，三峡库区山区的农业景观格局转型具有明显的双向性[149]。梁加乐等对黄河流域县域景观破碎化进行研究，并借助地理探测器模型探讨了其景观破碎化时空分异的成因。研究结果表明，2000～2018年黄河流域总体景观破碎化程度逐渐增强，流域上游各省破碎化程度变化较为稳定，而中下游各省破碎化程度变化较为剧烈；地理探测器结果显示，研究区的景观破碎化受到自然、社会等多重因素影响，其中，人类活动强度是最主要的影响因子[150]。金佳莉等利用遥感影像作为数据源，运用植被归一化指数把绿色空间分成四种类型，探究城市绿色空间格局的时空演变规律及影响因素，研究发现内陆城市的低密度植被比例增加，景观破碎度降低，而沿海城市则相反；绿色空间的城乡梯度轨迹主要呈现三种规律：一是抛物线型，二是平稳型，三是递增或递减型，绿色空间在城市中心或城郊区域有明显的波动变化趋势[151]。叶鑫等利用移动窗口法和景观功能连接度方法，研究了贵州兴义坡岗自然保护区景观格局的时空变化特征和梯度效应，研究发现自然保护区西北方向受交通和城镇化扩张的影响，景观破碎化程度增加，自然保护区存在明显的梯度效应，缓冲区外延随着人工表面面积占比逐渐增加，景观多样性不断提高，而且重要的景观斑块与廊道对区域物种保护和生境网络连接起着重要的作用[152]。李明珍等采用样带梯度分析法，对乡村景观格局梯度演变和驱动机制进行比较分析，结果表明在社会经济发展和政府政策导向等因素影响，三峡库区草堂溪流域的乡村景观格局由生产型转型成生态经济型、生态调节型为主[153]。

综合上述文献，学者对景观格局分析方法的研究较为成熟，并且不断对景观格局分析方法进行优化，为景观生态学的定量研究提供科学的支撑。在研究方向上，国外学者更加注重景观格局演变所产生的生态效应，并且与实际的经济社会发展相结合，重视景观格局理论的实践性；国内学者更加关注景观格局的演变过程和驱动机制，为区域生态环境的优化、管理和保护提供科学依据。在研究区域上，国外学者主要研究城市景观格局的变化，国内学者更多关注山区与农业种植区的景观格局，但鲜有学者关注过渡性地带景观格局的研究，如城乡交错带、农牧交错带和水陆交错带，该区域的生态环境较为脆弱，其景观变化较大，人类活动的影响较为显著，且该研究区地理位置较为特殊，空间范围不易确定，对于过渡性地带景观格局变化的研究还有待加深[52]。

（六）湖泊形态的研究进展

湖泊对流域的河道流量具有重要的调蓄功能，对区域生态系统服务、生态环境具有重要作用，是区域高质量发展和生态保护的重要保障[154]。在气候变化和人类活动的影响下，湖泊水环境经历着剧烈的变化，其成为人与自然相互作用最为深刻和敏感的地理单元之一[155-156]。湖泊形态变化已经成为全球气候生态环境变化研究的重要方面[157]，学者们对湖泊形态特征的研究十分重视。湖泊形态特征包括湖泊的横向形态（湖泊岸线和面积等）和纵向形态（深度和湖泊剖面等）[154]。遥感影像可以快速、准确地提取湖泊形态的相关信息，并且学者们运用遥感技术对湖泊横向和纵向形态的研究取得了一系列成果[158-160]。

国外学者对湖泊形态的研究与自然环境的结合较为紧密，利用湖泊形态特征分析区域的环境状况，并且关注了湖泊形态所产生的生态效应。Moses 等通过回归分析，定量分析湖泊形态特征对湖泊水质的影响程度，研究表明湖泊深度和体积对水质有重要影响，并且从形态特征上可以观察到蓝绿藻的固氮作用，湖泊形态对水质的影响较大[161]。Winslow 等利用数学模型研究不同的湖泊形态类型对生态系统过程的贡献程度，发现随着湖泊规模的减小，碳积累速率的增加足以使碳积累的分布偏向较小的湖泊[162]。此外，风速的大小与湖泊的面积、形状有关，湖泊中甲烷（CH_4）和二氧化碳（CO_2）的扩散速度与湖泊形态、风速存在密切关系[163]。国内学者对湖泊形态的研究主要集中在湖泊形态特征的动态分析方面，更关注的是湖泊形态的动态过程及影响因素。王哲等通过对青藏高原内流区湖泊岸线形态的时空变化特征及其影响因素进行定量分析，研究发现，该区域的湖泊的分形维数和岸线发育系数总体呈上升趋势，湖泊岸线的变化幅度大致从东北向西南递减，当地的地质构造、气候与水文条件深刻影响着湖泊形态特征[164]。湖泊岸线是表征湖泊形态特征的一项重要内容，通过分析湖泊岸线可以获取湖泊形态演变的规律[165-166]。

综上所述，湖泊形态的提取方法较为成熟，一般通过遥感影像可以获取；在定量分析方法上，多采用湖泊岸线进行分析，形态指数、分形维数和景观指数也是常用的分析方法。目前，国外学者对湖泊形态的研究与自然环境的结合较为紧密，利用湖泊形态特征分析区域的环境状况，并且关注了湖泊形态所产生的生态效应，国内学者对湖泊形态特征的动态分析做了大量的贡献。人类活动深刻影响着湖泊的生态环境健康，人类活动对湖泊形态产生的影响关注度较小。

（七）聚落空间形态研究进展

聚落作为人类活动的主要场所之一，是自然条件和社会环境的综合反映。聚落研究是人地关系地域研究的重要领域，是全球变化过程中自然与人文交叉影响最为密切的问题之一[56-57]。乡村聚落形态是指乡村聚落的平面展布方式，受气候、地形、地质构造、水文条件等影响，其形成与发展和一定时期的社会生产力和发展阶段密切相关[58]。聚落是地理学、建筑学和城乡规划学等学科领域共同的研究对象[59]，并且国内外学者对聚落空间形态做了大量有益的探讨，在实际对聚落的规划设计和保护中，我们更需要关注的是聚落原有的空间形态，其自然生长的过程更多体现的是内生性，是"自下而上"的组织变化。聚落空间形态是地域文脉的物质载体，原有的聚落空间形态是规划的基础，深刻理解与把握聚落自然生长的形态是规划的必要前提条件[60]。此外，在实际的研究与规划中对过渡性地带聚落的关注较少，尤其是水陆交错带上的湖岛型聚落。

鄱阳湖水陆交错带是过渡性地理空间的典型代表，是"江—河—湖"高质量发展和治理的关键地带，其表现出典型的水陆相生态系统特征。建设鄱阳湖生态经济区是国家战略[9]，也是流域高质量发展和生态文明样板打造的重点区域，而鄱阳湖水陆交错带则是该区域的最核心部分，是一个典型的山水林田湖草生命共同体[10]。在鄱阳湖水陆交错带上的聚落是先民与水患长期博弈形成的，属于典型的湖岛水乡聚落，通过聚落分析可以透视渔民生计方式的变更与发展，体现了渔民对当地环境的适应与改造，这种独特的人居环境营造是过渡性地理空间地域文化的典型代表，也是人类智慧的结晶。

（八）政策、生计与景观关系研究进展

自 1978 年改革开放以来，中国经历了快速的城市化和工业化。此外，大量劳动力离开农村，导致大量耕地撂荒，使得农业景观逐渐破碎化、异质化和复杂化[15]。同时，农户生计的变化导致耕地撂荒。人类活动深刻影响了全球农业景观格局的变化[16-17]。社会经济发展是土地利用和土地覆盖变化的重要驱动力，并对景观的结构和功能产生了重大影响[18-20]。大量研究表明，社会经济因素决定景观格局的变化[21-24]。此外，社会经济发展通常由政府政策和规划所驱动[25]。这些政策是自然环境、社会经济条件、土地利用、景观格局和农户生计等自然和人为因素演变的重要驱动力[26]。城乡发展差距导致了与土地和生计有关的各种问题[27]。作为强有力的国家宏观调控工具，政府政策是解决这些问题的可行办法。生计需要有选择地使用与特定环境、社会和文化条件密切相关的资源[28]。农户生计可以作为研究区域农业景观格局变化的重要视角。

农户类型与农业景观格局变化有着密切的关系，不同类型的农户决策可以被动或主动地影响农业景观结构[167-168]。因此，要实现农业景观的综合价值功能，缓解人地冲突，必须重视农户生计在景观开发中的作用[169]。农户的非农生计从根本上导致了农业用地的可持续利用[170-171]，这影响了农业景观的功能和结构，因为他们调整了生计策略和土地利用决策，以降低其脆弱性[172-174]。实际上，政策在指导农户的生计策略和土地利用实践方面发挥着重要作用[170,172]。研究表明，农业景观格局的变化与农户收入之间存在很强的相关性[175]，收入的变化主要是由农户生计的变化引起的，政策干预在影响农户生计选择方面发挥着重要作用[176-177]。

政策、生计与农业景观关系的研究主要集中在传统农业区、落后地区

和生态脆弱地区，并且主要针对单一生计的农户[26,29-31]。在世界大部分地区，内陆渔业已被证明对粮食安全、环境健康和经济发展至关重要[32]，但学者们很少关注内陆淡水渔业捕捞区域和拥有多样化生计的渔业社区的农业景观。因此，为了揭示内陆淡水渔业捕捞区域的人地关系，有必要梳理不同政策时期渔民生计和农业景观格局的变化特征。

（九）韧性研究进展

自然生态系统是人类赖以生存和发展的物质基础。在全球气候变化和快速城市化背景下，自然生态系统所面临的胁迫与冲击加剧，从而出现了空间错配、空间扩张失序等"空间冲突"现象，影响区域的可持续性发展[178]。而生态安全问题也引起了众多学者的广泛关注，研究内容多聚焦于区域的生态安全与景观风险[179-180]、生态脆弱性与敏感性[181-182]、生态系统服务与健康评估[183-184]等方面，研究维度多以单一风险源维度或多维度简单叠加为主，主要描述的是生态安全的静态模式，而对系统内部风险的适应性特征和相互作用的动态过程刻画相对较少。由于区域生态安全具有风险多源性、干扰机制复杂性等特征[185]，生态安全研究范式应由单维度转向综合化、系统化，在实践管理层面应基于系统方法来掌握区域与扰动要素之间的相互作用，并深刻理解区域系统各组成部分如何在不同时空尺度内对威胁要素及其相互作用做出反应，这与韧性发展理念不谋而合[186]。"韧性"概念最初被应用于心理学和工程学，工程韧性是用来描述金属在遭受外力作用后恢复到原有形状的能力。1973年，生态学家霍林（C. S. Holling）首次将韧性的概念运用到生态学研究领域，以表征生态系统内部的稳定结构与功能[187]。自20世纪90年代以来，韧性研究逐渐从自然生态学扩展至人类生态学，且由最早的工程韧性演变为生态韧性，直至当前的演进韧性[188]。随着众多学者对韧性研究的不断深入，韧性的研究维度从单一的生态学视角延伸至人类学、灾害学、社会学、经济学以及城乡规划学等多个领域[189-191]，并在实践中产生了广泛的应用，而韧性系统内部各组成要素之间的关系探究也从简单的线性关系转变为复杂的非线性关系。

韧性系统作为一种新兴的可持续发展模式[192]，国内外众多学者从多个角度对这一领域的概念及实践等方面进行了不同方向的研究。在国外，韧性最初被定义为"恢复到初始状态"，多用于工程领域当中描述某种物体的机械特性之一，随后霍林对生态系统韧性的创造性研究被广泛认为是现代韧性理论的起源[187]，他将韧性定义为生态系统对干扰和变化的抵抗能力，并将其与系统稳定性进行比较。随着韧性研究的不断完善与丰富，当前已发展到社会—生态系统韧性的演变过程研究[193]。基于社会—生态系统框架[194]，"韧性联盟"（Resilience Alliance）将适应性循环理论引入其中进行分析，韧性的概念从可测量的描述性特征扩展到思维模式[195-196]，学术界开始关注社会系统对外界扰动和变化的应对能力，并将韧性视为社会和生态系统相互作用的结果，该阶段的研究重点是社会和生态系统之间的相互依赖关系、社会转型和可持续性发展等问题。具体来说，国外的韧性研究已经取得了显著进展，涵盖了多个领域，包括生态学、城市规划、卫生保健以及政策治理等。西方生态学家从生态系统多样性、生态位及生态系统服务等多个方面对生态系统的韧性进行了深入研究，指出生态系统韧性在维持全球生物多样性和生态系统服务中的关键作用[197]。国际城市规划领域也逐渐关注到城市韧性，强调城市规划的可持续性和适应性，而城市韧性研究促进了智慧城市和可持续城市规划的发展，特别是在面对人口增长、气候变化和自然灾害等外界扰动时[198]。此外，随着大流行病及突发卫生事件的频发，有学者开始聚焦于卫生系统的韧性及政策治理体系的韧性研究，尤其是政府机构、决策制定和公共服务的韧性，这些研究有助于改善社会公共卫生服务和增强政府的应对能力及危机管理[199]。

相较于国外，国内对韧性相关的研究起步较晚，但研究领域发展速度较快，各学科交叉性与融合性较强，韧性概念的发展随着不同领域对于韧性的认识和探索逐渐形成。例如，高海翔等将配电网韧性定义为，配电网是否可以采取主动措施保证灾害中的关键负荷供电，并迅速恢复断电负荷的能力，此定义偏重于电力领域[200]。李连刚等从演化韧性的视角提出区域经济韧性是区域经济系统面对市场、环境等冲击扰动时的抵抗能力或通过调整适应转型来恢复系统受冲击前发展路径甚至转向到一个更优发展路径的恢复能力，此定义偏重于经济领域[201]。李亚等认为城市基础设施韧性是指灾害发生时抵御灾害、吸收损失并及时恢复至正常运行状态的能力，此定义偏重于城市领域[202]。由此可见，不同的学科领域对于韧性的研究主要是基于各自的理论框架和研究方法。综观现有的国内研究，大部分将重点聚焦于城市韧性的评估上，特别是在解决城市化、交通拥堵和环境问题等方面，韧性的定量维度通常包括社会、经济、生态和工程等方面，并构建了相应的具体指标体系和测度模型。例如，孙阳等以城市社会生态系统的视角，对长三角地区 16 个地级城市韧性进行实证分析[203]；白立敏等从经济、社会、生态及基础设施四个系统构建城市韧性综合测度指标体系，对中国地级以上城市韧性进行定量评估[204]。21 世纪初，"韧性"理念开始应用于以防灾减灾为主题的城市规划与管理领域，特别是在面对气候变化、自然灾害和城市化等外部扰动与危机时[205]，城市韧性被认为是提高城市复杂系统适应力和恢复力的关键因素。例如，李亚和翟国方从经济韧性、社会韧性、环境韧性、社区韧性、基础设施韧性及组织韧性六个方面构建我国的城市灾害韧性评价指标体系，并对全国 288 个地级市的灾害韧性进行评估[206]。另外，国内学者逐渐开始强调公共卫生系统韧性的重要性，重点关注大流行病和医疗改革方面[207]，且近几年中国在应对COVID-19 等突发卫生事件方面的表现引发了国际社会的关注。

综上所述，随着韧性相关研究的不断深入与完善，其理论框架和研究内容在不断丰富。韧性思想从工程领域、生态学领域逐渐渗透到具有复杂人地关系的社会—生态系统中，其关注重点由外部环境扰动因素导致的韧性降低转变为自然生态环境破坏与人类扰动增强对系统韧性的共同影响。随着近年来全球气候变化、自然灾害频发以及传染疾病肆虐等复杂问题的出现，韧性研究将成为当前提高区域系统适应力和恢复力的重要议题，且生态系统韧性的研究也为生态环境保护和可持续发展提供了科学依据。

（十）国内外生态韧性研究知识图谱

本书运用 CiteSpace 文献计量可视化分析工具以探析生态韧性相关研究的热点内容和未来演进趋势，所使用数据的来源为中外典型文献数据库，其中国内文献来自中国知网（CNKI）数据库以"生态韧性"为主题进行检索，时间范围是 2001 年到 2023 年 11 月，检索结果经人工审阅后总计 403 篇，国外文献选取于 Web of Science 核心合集 Science Citation Index Expanded 和 Social Sciences Citation Index 两个引文索引下，以"Ecological Resilience"为主题进行检索，经人工筛选后剩余 888 篇有效期刊论文。借助 CiteSpace 软件中的"keyword"分析，得到国内外生态韧性研究的关键词共现知识图谱，如图 2-1 和图 2-2 所示。

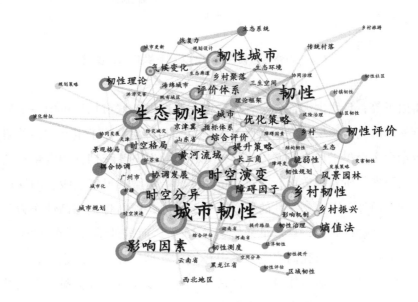

图 2-1　国内生态韧性研究的关键词共现知识图谱

国内对于生态韧性的研究起步较晚，其关键词频次位于前列的有城市韧性、生态韧性、韧性城市、影响因素、时空分异、乡村韧性、韧性评价、

图 2-2　国外生态韧性研究的关键词共现知识图谱

障碍因子等，且我国大部分学者均将生态韧性视为城市韧性中的一个属性进行整体研究，较少把生态韧性单独作为研究对象，关于生态韧性的研究内容也大多聚焦于城市或城市群等较大区域的生态系统韧性的定量评估及其影响因素的研究等方面，而对乡镇、社区等中微观尺度层级上的探讨比较缺乏。国外关于生态韧性的研究要早于国内，国内将生态韧性作为区域的独立要素进行研究，且最早开始于 2015 年，而国外学者则在 2001 年就对其展开探究，且研究内容主要集中在危机管理、社会生态系统、气候变化、生物多样性、适应能力、社区韧性、可持续发展、社会脆弱性以及景观韧性等方面，可以看出其研究内容较为丰富。

　　从生态韧性研究领域的发文量来看（见图 2-3），国外对于生态韧性的研究起步较早，2001~2023 年生态韧性相关研究的文献发文量变化整体呈现波动式增长趋势，由每一年的发文量可知，生态韧性的研究经历了两个阶段：第一阶段为 2001~2013 年，属于研究起步阶段，这一阶段关于生态韧性的文献数量开始出现小幅度的增长，且增速较为缓慢；第二阶段为2014~2023 年，属于研究快速发展阶段，这一时期的总发文量为 739 篇，年均发文量约为 74 篇，特别是在 2020~2021 年，生态韧性相关研究的年发文量增速达到最大值。而国内首次将生态韧性进行独立研究出现在2015 年，2015~2023 年，我国生态韧性相关研究的年发文量呈现出快速增长的趋势，这一阶段内总发文量为 387 篇，年均发文量约为 43 篇，预测在未来一段时间内我国关于生态韧性研究的发文量将继续保持该增长态势。

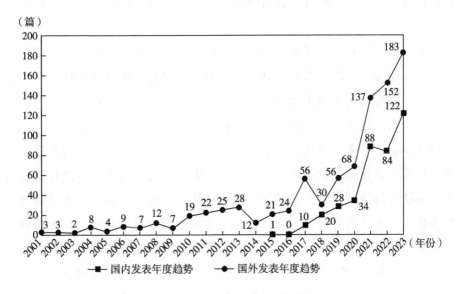

图 2-3　国内外生态韧性研究领域发文量趋势

（十一）生态韧性评估研究进展

生态韧性作为一个综合性、系统性的传统热点问题，已被不同领域的学者根据研究需要对生态系统韧性的概念进行不同定义，当前尚未形成统一的标准，但大多数研究认为其内涵是指生态系统在应对外部扰动冲击时，所能维持自身结构与功能稳定和恢复系统新平衡的能力。随后生态韧性的研究逐渐与城市系统相结合，主要应用于气候变化、洪涝灾害、生态修复、飓风灾害等相关研究和规划实践中[208-211]，以解决城市系统在灾害及环境变化后的可持续发展问题。目前，有关生态韧性的研究主要集中在韧性的概念辨析、生态韧性的定量测度和生态系统韧性的发展路径三个方面。例如，李连刚等认为生态系统的发展是从一个均衡状态进入另一个均衡状态，生态韧性的定义不能摆脱均衡论观点[201]；王松茂和牛金兰借助熵权 TOPSIS 法评估山东半岛城市群的生态韧性水平，对城市生态韧性的演进规律及其障碍因子进行研究[212]；朱媛媛等通过构建"乡土—生态"系统韧性评价体系，解析大别山革命老区旅游地韧性的演化阶段、路径及机制[213]。

近年来，随着韧性理论发展的逐渐成熟，国内外对于生态系统韧性的研究逐渐增加，许多学者着重研究在面对土地退化、生物多样性丧失和全球气候变化等外界环境扰动的情况下，不同区域生态系统的韧性发展机制，研究重点包括湿地保护、水资源管理以及土地植被恢复等方向。从研究视角来看，众多学者从生态学、灾害学、社会学、人类学及城乡规划学等学科视角进行生态韧性研究，但大多以生物学属性或生态学视角对区域生态系统进行研究，关注重点由单一的自然物理特性逐渐向人类活动和自然变化综合扰动研究转变。例如，刘志敏和叶超通过构建社会—生态韧性视角下城乡治理的逻辑框架，提出以人地耦合为核心理念进行城乡协同治理[214]；王婷等认为城市生态韧性是指在满足人类发展需求的前提下，城市生态本底的支撑力及面对外部自然要素和人为因素扰动所具有的吸收化解能力[215]。由于城镇化的快速发展和人类扰动的加剧，系统面临的外部风险与冲击增加，日益成为生态韧性评估的主要影响因素。从研究尺度来看，现有生态韧性研究以城市为代表的宏观区域尺度为主，多将研究区域作为整体。例如，夏楚瑜等从抵抗力、适应力和恢复力三个方面构建了杭州市生态韧性评估模型并对其分区管理模式进行探究[216]；蒋文鑫等借助 PSR 模型对江苏省城市生态韧性进行评价，并测算生态韧性与经济发展水平之间的耦合协调关系[217]。但由于难以刻画宏观区域生态系统内部的异质性特征，导致其在城市规划层面上实现因地制宜的实践价值降低。随后众多学者开始对县域、村域及社区等中微观区域尺度进行探索，这在一定程度上完善了生态韧性研究领域的尺度层级。例如朱晏君等基于 DPSIR 模型，运用熵权法从驱动力、压力、状态、影响和响应五个维度构建欠发达地区县域乡村社会—生态系统韧性综合评价体系[218]；Xie 等通过 PSR 框架建立甘肃省渭源县农村生态韧性测度体系并采用熵权法和 GWR 模型评估渭源县 2021 年农村生态韧性水平[219]；Dylan 等提出了一种新的面向社区韧性规划的城市变化与自然灾害后果耦合模型[220]。从研究区域来看，既有研究多着眼于发达城市地区，如王少剑等借鉴物理学耦合模型测算珠三角城镇化与生态韧性的耦合协调度[221]；陶洁怡等构建长三角城市生态韧性评估模型以分析其时空动态演化特征[222]；Shi 等从城市生态系统的敏感性和适应性两个维度构建京津冀城市群生态韧性评估模型[223]。虽然学术界对于城市地区的生态韧性研究取得了较大进展，但在自然生态本底脆弱且有着复杂人地关系的区域，研究还非常匮乏，对该类型区域生态系统韧性演变、规律及机制等方面更缺乏深入的研究。同时，相较于城市地区所面临的未知风险较多来源于城市规模扩张带来的累积压力[224]，水陆交错带的生态安全则更易受到洪涝、干旱等自然灾害的急性冲击，从而导致水陆交错带生态系统的发展演变更具有无序性和复杂性。从研究方法来看，当前有关生态韧性的定量测度主要集中在构建指标体系，然而，生态系统所面临的风险和威胁具有多源性和复杂性，指标体系的选取往往难以体现全面性。此外，现有不少学者将生态韧性评估与生态安全格局、景观生态学等视角相结合进行研究，为生态韧性的定量测度提供了可操作性方法。例如，Yuan 等将生态安全模式（ESP）与韧性相结合，通过构建 ESP 要素（生态源、生态走廊和生态节点）和网络单元两个尺度的指标体系来评估资源型城市 ESP 的韧性[225]；陈刚等利用流域水文分析方法提取济南市韩仓河流域汇水区单元与水系分布，结合流域景观网络分布构建生态水网，再依据景观生态格局特点构建水生态韧性空间[226]。

综观现有文献，生态韧性研究主要表现为研究主体多元化、研究方法多样性的特征，多学科交叉与融合要求生态韧性研究逐渐从数理特征分析转向空间动态分析，而国内外的生态韧性研究已经逐渐形成了较为完整的理论框架和应用方法，并在实践中发挥了重要作用。生态韧性的概念辨析和评估方法是生态韧性研究的核心问题，总的来说存在两点不足之处：一是生态韧性的概念定义尚未达成一致标准，且不同领域的学者对其内涵有着不同的解释；二是生态韧性的研究方法及所选取的指标体系未有统一的规范，无论是从自然生态系统本底特征的角度，还是从社会经济的角度出发，均出现较大差别，且缺乏客观、准确、统一的评价标准。面对日益复杂和不断变化的环境挑战时，生态韧性的研究在提高区域系统的适应性、可持续性和稳定性中扮演着重要角色，它为环境政策的制定者、规划者及决策者提供了科学依据，以更好地准备和应对未来的不确定性，推动可持续发展和社会变革。

二、理论基础

（一）景观格局理论

景观格局通常是用来表现景观空间的异质性特征，主要是由自然因素和人类活动的综合扰动形成的结果，其核心构成包括景观单元的类型、数量以及空间分布[227]。作为景观生态学研究领域的核心内容之一[228-229]，深刻理解景观格局的变化特征及其生态学意义对于探究空间格局与过程之间的相互作用至关重要，其不仅能够深化景观生态学的基础理论，也为区域优化生态环境结构和风险管理提供科学依据。

景观格局塑造着各类生态过程的发生，而生态过程的变化又影响着景观格局的演变，这种交互机制对生态系统的稳定性和可持续性发展产生着重要影响[230]。当今城镇化的快速发展以及不断增强的人类活动，将会造成区域土地利用方式的变化，而土地利用覆被的变化是引起景观类型、结构和功能发生改变的直接影响因素[231-232]。近年来，随着地理信息技术的不断成熟，景观格局分析在解决实际生态问题当中的应用日益增多，这种发展趋势推动了研究方法的创新，为生态学领域的理论与实践研究提供了新的思路和方法。

（二）农业景观转型理论

生计在政策、市场经济、城市化等因素影响下发生改变，众多学者研究发现生计变迁是土地利用变化的重要驱动力[233]。工业化、城镇化进程中生计转型使得农业人口对土地依赖性减弱，劳动力迁移减轻了农村土地的人为扰动，由此驱动土地利用发生转型，引发一系列自然和社会经济效应，这被称为土地利用转型[234-236]。实际上，政府决策、生计变迁、土地利用转型和传统农业生态系统转型会导致农业景观要素时空分布的变化[237-238]，这种变化累积到一定程度，必然会引起农业景观格局的明显转型[239]。

农业景观格局转型是指农业用地和农户行为的长期累积变化或突变引起的农业景观组成单元的类型、数目及空间分布与配置发生根本性变化，导致农业景观由一种格局形态演变为另一种格局形态，由一种功能演变为另一种功能或多种功能，并且其演变趋势也发生转折性变化[239]。

（三）人地关系理论

人类无法离开环境而生存和发展，环境演变也不能摆脱人类活动的影响。随着社会经济发展与科学技术进步，人类改造地球的速度和规模远远超过了对地球的认识程度[240]，导致人与自然的关系逐渐发生转变，即由被支配的地位变为对自然的主宰。在人类对自然界不断改造和攫取的背景下，自然生态系统所面临的胁迫与冲击加剧，造成自然灾害频发、环境污染严重以及资源短缺等现象发生，进一步使得人地关系矛盾愈加凸显。当环境问题日益转化为生态安全问题时，不仅影响着人类的生存和发展，而且妨碍了社会经济的进步，对区域发展构成威胁。因此，实现人与自然和谐共生成为当代发展的核心主题和中国式现代化的重要使命[241]。人地关系研究主要经历了三个阶段：首先是地理环境决定论，其次转向人定胜天的观念，最后发展至人地和谐论[242]。基于人地和谐论，生态韧性强调的是人与自然之间的良性互动，即区域的社会经济发展和生态系统达到协同演进的状态。城镇化进程中伴随着对生态空间的持续侵占，而这种发展模式会导致生态系统服务能力减弱及生境退化，从而引发对生态安全屏障的破坏。生态韧性研究着眼于生态系统演变与社会经济发展的交互关系，其最终目的是实现二者的协调发展，并以此为支撑，探究如何在保护生态环境的同时，促进社会经济的可持续发展。

（四）可持续发展理论

可持续发展理论源自于 1980 年国际自然保护同盟的《世界自然资源保护大纲》，其核心思想是在满足当前人类需求的同时，不损害后代人的利益[243]。作为一个综合性、长远性和复杂性的发展理念，它强调的是社会、经济与生态三个系统之间的平衡关系，致力于确保有限的资源得到合理利用及维持各生态系统的健康状态。随着城镇快速发展所带来的人口激增、资源短缺和环境污染等诸多问题，人类社会逐渐意识到可持续性发展的重要性，继而众多学者开始对其展开广泛而深入的探讨，使得这一概念呈现出复杂和多维的特征，在经济学、社会学及城市规划学等不同学科领域中，可持续发展已成为一项重要的研究议题[244]。区域生态系统的可持续发展主要体现为生态环境资源在系统发展过程中被不断循环利用，既需要满足当前人类的需求，也需要考虑到未来世代的需求。本书的生态韧性研究正是对更好地实现区域生态系统可持续发展这一理想目标的响应，可持续发展理论为生态韧性研究奠定了重要的理论基础，而生态韧性则为实现可持续发展提供了有效的对策。具体而言，可持续发展着重关注未来更长远的发展状况，而生态韧性所具有的动态性、适应性和阶段性等特点，为区域在应对外界各种扰动和冲击时实现可持续发展提供了科学的指导方针。

（五）适应性循环理论

适应性循环理论是生态学领域的一个重要理论框架，由 C. S. Holling 在其著作《扰沌：理解人类和自然系统中的转变》中提出，主要用于解释社会—生态系统中干扰和重组之间的相互作用以及系统应对干扰和变化反馈的动力机制[245]。适应性循环理论将生态系统的演化过程分为四个阶段：快速生长阶段（r）、稳定守恒阶段（K）、释放阶段（Ω）和重组阶段（α），代表区域生态系统的一个生命周期[194]。作者将推动系统发展演变的共同作用归纳为潜力、连通度及恢复力三个维度的特征属性：其中潜力代表了韧性要素的属性和现状；连通度则代表了韧性系统内部要素之间的相互联系格局；恢复力代表了韧性要素的适应力，主要表征系统在干扰下仍维持现有功能和控制而不转入另一状态的能力。三种特征彼此之间具有相互作用，系统在不同的发展阶段会具有不同的潜力、连通度和恢复力特征，且具有相对稳定的发展趋势。具体来说，在快速生长阶段，区域要素的快速集聚和建设用地的持续扩张会不断消耗韧性发展潜力，系统连通性逐步增强、恢复力开始下降；当区域发展潜力逐步消耗殆尽、恢复力持续下降时，生态系统运行在高连通性影响下更容易受到干扰，系统逐步向稳定守恒阶段演化；当不确定性扰动超过恢复力阈值时，区域生态系统可能出现突然崩溃，要素积累迅速释放，系统连通度、恢复力处于低水平并有逐步提升趋势，区域生态系统开始进入到释放阶段；在重组阶段，区域潜力、连通度及恢复力在新的发展机遇下开始由最低水平逐渐提升，最大的不确定性和创新的机会存在于此阶段，并且一个新的适应性循环可能从这个阶段开始。总言之，适应性循环理论对于理解生态系统对外界干扰和变化的响应机制具有重要意义，同时也为区域生态系统的管理和保护提供了理论支持和指导。

三、研究框架

本书研究框架主要分为三大模块，宏观方面，从乡镇一级行政区域角度去探究鄱阳湖水陆交错带景观变化，进而研究整体的生态韧性时空变化及影响因素；中观方面，通过水位变化划分鄱阳湖水陆交错带的自然范围，并研究采砂活动对鄱阳湖水陆交错带景观格局及形态演变影响；微观方面，以鄱阳湖典型的传统渔村——荷溪村为例，研究政策驱动下渔民生计转型对农业景观格局的影响。

（一）鄱阳湖水陆交错带生态韧性时空变化及影响因素研究框架

本书以鄱阳湖水陆交错带作为研究对象，在遵循"认知基础—过程格局—影响因素—优化策略"的逻辑思路基础上，认识鄱阳湖水陆交错带乡镇土地利用及景观格局的动态变化、总结区域生态韧性的时空演化特征、揭示自然与社会经济双重视角下的生态韧性影响因子以及探讨研究区域生态系统韧性提升的优化策略。具体技术路线如图2-4所示。

（二）采砂活动对鄱阳湖水陆交错带景观格局及形态演变影响研究框架

采砂活动对鄱阳湖水陆交错带景观格局及形态演变影响研究的技术路线如图2-5所示，首先，收集基础数据，其中包括Landsat系列卫星遥感影像、星子水位数据、五河和湖口水文站重要水文数据。对遥感影像进行预处理，提取出鄱阳湖丰水期采砂船数量和空间位置，分析鄱阳湖采砂船的时空分布和集聚特征，并确定了采砂的集聚区域。通过监督分类和目视

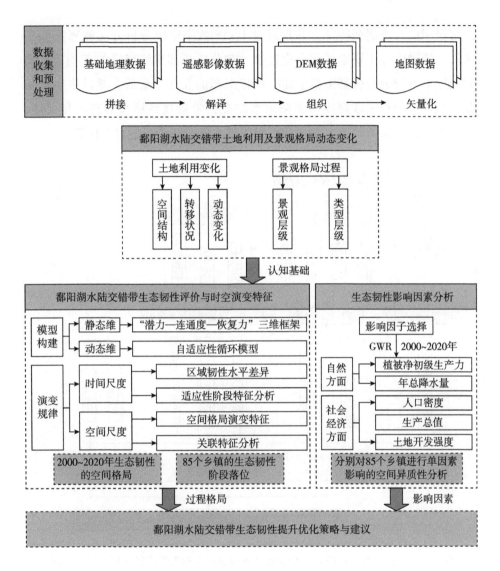

图 2-4 鄱阳湖水陆交错带生态韧性研究技术路线

解译的方法提取鄱阳湖水陆交错带的景观类型，分析其景观结构变化特征，利用 Fragstats 软件计算鄱阳湖水陆交错带的类型水平和景观水平层次上的景观格局指数。其次通过阈值法提取鄱阳湖的水体范围，进而获取鄱阳湖水陆交错带的岸线，根据岸线的变迁能够测算出鄱阳湖水陆交错带侵蚀与淤积的时空演变特征，并且通过 DSAS 数字岸线分析方法测算鄱阳湖水陆交错带内部主要岸线的变化速率，在分析局部岸线变迁的基础上，同时利用形态指数分析鄱阳湖水陆交错带形态的变化。最后，通过皮尔逊相关系数定量分析采砂规模与鄱阳湖水陆交错带景观格局和形态的相关性，并讨论自然因素和其他人类活动对鄱阳湖水陆交错带可能存在的影响。

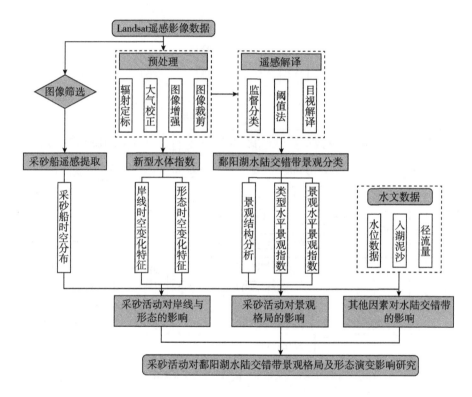

图 2-5　采砂活动对鄱阳湖水陆交错带景观格局及形态演变影响研究技术路线

（三）政策驱动下渔民生计转型对农业景观格局的影响研究框架

政策具有很强的导向作用，政策的变化会导致农户生计转型，大量劳动力迁移至城镇从事非农行业。农户对土地的依赖性逐渐减弱，种植行为发生改变，耕地撂荒程度不断加剧，这导致土地利用转型，并改变了农业生态系统的结构和功能。为此，土地利用/土地覆被和农业生态系统要素经过长时间的累积性变化，导致农业景观格局发生转型。

图2-6展示了农业景观格局转型的研究框架，从同质性、高集聚性逐渐向破碎化、异质化、复杂化转变。政策促进了渔民生计的改变和劳动力向城市地区的大规模迁移。撂荒耕地的增加以及农业耕作行为的改变，导致农业景观的结构和功能发生变化。这种变化最终导致了农业景观格局的转变。

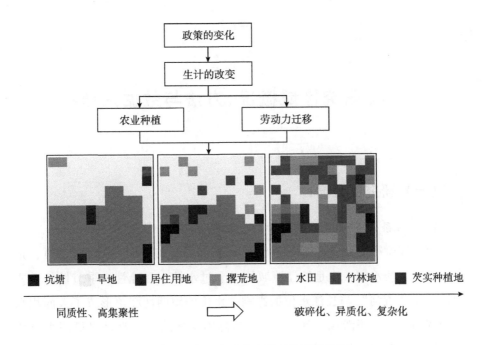

图2-6 湖岛型渔村农业景观格局的转型

第三章

鄱阳湖水陆交错带乡镇土地利用与景观格局动态变化

一、研究区域概况、方法与数据来源

(一) 研究区概况

1. 区位条件方面

鄱阳湖位于江西省北部 (28°22′~29°45′N, 115°47′~116°45′E), 是中国第一大淡水湖, 也是长江流域的一个过水性、吞吐性、季节性的重要湖泊。受"五河"与长江水位的影响, 水位的周期性涨落形成了大面积水陆交替的草洲、泥滩和沙滩[246]。本书鄱阳湖水陆交错带是以最高水位线 (吴淞高程湖口水位 22.48 米) 所涉及乡镇的全域, 共包括南昌、九江、上饶三市 11 个滨湖县 (市、区) 的 85 个乡镇单元 (见图 3-1)。

2. 自然地理方面

鄱阳湖水陆交错带属亚热带湿润季风型气候, 多年平均温度为 16.5 ~ 17.8℃, 年平均降雨量为 1426 毫米, 但降水量分布不均多集中在 4~6 月, 且有明显的丰水期、枯水期。该区域地势低平、土壤肥沃, 拥有丰富的自

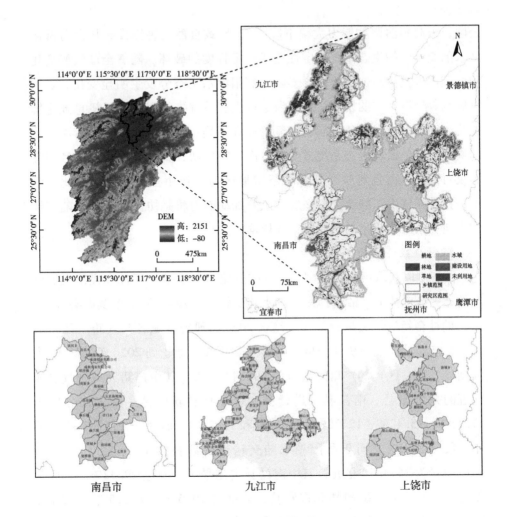

图 3-1　鄱阳湖水陆交错带地理位置及范围

然和人文旅游资源，是"山水林田湖草生命共同体"的典型代表。鄱阳湖
水陆交错带作为复杂的水陆相生态系统，也是典型的人地耦合系统，其人
地关系经历了人类被动型（自然耕种）、人类主动型（围垦）、政策引导
型（退田还湖）、人地协调型（生态经济）四个发展阶段[51]，不同发展阶
段都深刻地影响着区域生态系统的稳定性，从而对鄱阳湖水陆交错带生态
韧性空间格局产生扰动。自 20 世纪 50 年代以来，鄱阳湖湖面减少了 2267

公顷，引起湖泊调蓄能力大幅下降[247]，导致自然灾害频发，从而对鄱阳湖水陆交错带的生态系统稳定性造成一定程度的破坏。随着全球气候变化和区域内人类活动加剧等因素影响，鄱阳湖水文态势发生明显变化，这不仅影响着经济社会的发展，还导致湿地生态系统失衡以及候鸟栖息地生境退化，增加区域生态环境问题的复杂性和不确定性。近年来，随着城镇化的快速发展，区域生态系统遭受多方面风险威胁，其人地关系矛盾和冲突不仅对江西，而且对整个长江中下游地区均会产生重要影响。在此背景下，提升区域生态韧性，增强应对风险扰动能力将是协调鄱阳湖水陆交错带人地关系发展变化的重要路径和依据。

3. 社会经济方面

由于难以获取用以表征鄱阳湖水陆交错带各乡镇地区社会经济发展状况的相关准确数据，故选择鄱阳湖水陆交错带所涉及的 11 个滨湖县（市、区）的社会经济情况进行评价。结合 2020 年研究区域各县（市、区）的国民经济和社会发展统计公报，由图 3-2 可知，截止到 2020 年，该 11 个滨湖县（市、区）的户籍总人口为 690.42 万人，其中户籍人口数量位居前五的是鄱阳县、南昌县、进贤县、余干县和新建区，其占比分别为17.15%、15.42%、12.22%、12.17% 和 11.74%，而共青城市人口占比最小，仅为 2.82%。同年鄱阳湖水陆交错带所涉及的 11 个县（市、区）GDP 总量为 3574.20 亿元，其中南昌县占比最大，高达 29.32%，其后是新建区、濂溪区、鄱阳县和进贤县，分别占 10.65%、8.27%、8.20% 和8.12%，最低的是庐山市，其 GDP 占比为 4.06%。

总体来看，鄱阳湖水陆交错带所涉及的 11 个滨湖县（市、区）的人口众多，经济比较发达，且区域内生物多样性丰富，不仅是我国重要的粮食和农产品生产基地，也是世界上最大的候鸟保护区之一。然而随着近年来城镇化的发展速度加快，该地区人口负荷和围湖开发强度较大，逐渐成为生态保护和社会经济发展矛盾最突出的区域之一，尤其是在 2010~2020 年，鄱阳湖水陆交错带各县（市、区）的建设用地面积不断扩张，导致大量的自然生态空间被压缩，区域生态环境面临威胁，其人地关系矛盾也日益突出。

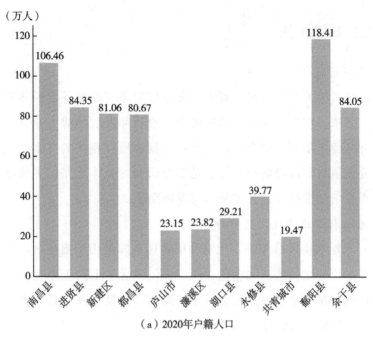

（a）2020年户籍人口

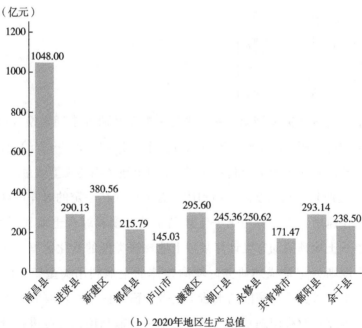

（b）2020年地区生产总值

图3-2 2020年各县（市、区）的户籍人口和GDP总值

（二）研究方法

1. 文献综述

通过查阅相关文献及时了解水陆交错带生态韧性在各学科领域内的相关理论和方法，把握当前生态韧性研究的现状和发展趋势，对其进行归纳及梳理并构建鄱阳湖水陆交错带生态系统韧性研究相关的文献管理库，为本书研究提供科学前沿的理论与视角以及研究的总体思路，提炼出水陆交错带生态系统韧性提升优化的策略与发展路径。

2. 土地利用及景观指数分析

（1）土地利用转移矩阵。土地利用转移矩阵是用于描述区域内各土地利用类型变化的结构特征和变化方向，不仅包含了不同土地类型的静态信息，而且能够显示出土地覆被类型之间的相互转换关系，直观地反映了各土地类型在转换前后的结构特征。公式如下：

$$A_{ij} = \begin{bmatrix} A_{11} & A_{12} & \cdots & A_{1n} \\ A_{21} & A_{22} & \cdots & A_{2n} \\ \vdots & \vdots & \ddots & \vdots \\ A_{n1} & A_{n2} & \cdots & A_{nn} \end{bmatrix} \tag{3-1}$$

式中：A_{ij} 为研究初期第 i 种土地利用类型在研究末期转换成第 j 种土地利用类型的面积，i（i=1，2，…，n）和 j（j=1，2，…，n）分别代表研究期初和研究期末的土地利用类型，n 为土地利用的类型数量。

（2）土地利用动态度。土地利用动态度反映在一定的时间内区域土地利用的变化速度，主要分为单一土地利用动态度和综合土地利用动态度。其中，单一土地利用动态度计算某种土地覆被类型的变化速率，综合土地利用动态度则为定量描述研究区域内整体的土地利用类型变化的剧烈程度。由于本书研究是以鄱阳湖水陆交错带为研究区域，没有和其他地区进行比较，因此只对鄱阳湖水陆交错带的单一土地利用动态度进行分析。公式如下：

$$K = \frac{U_b - U_a}{U_a} \times \frac{1}{T} \times 100\%$$ （3-2）

式中：K 表示某种土地利用类型的动态度，U_a、U_b 分别表示研究初期和研究末期某种土地利用类型的面积，T 表示研究时段长度。K 值越大，代表某类土地利用变化强度越大；K 值越小，则表明某类土地利用变化强度越缓慢。

（3）土地开发强度。土地开发强度指数（LDI）通常被定义为不透水面占区域土地总面积的比例，是表征土地开发模式的重要特征。本书利用 ArcGIS10.8 软件构建 1 千米×1 千米的渔网，再计算出每个网格的不透水面面积。公式如下：

$$LDI_i = round\left(\frac{A_i}{TA_i} \times 100\% \right)$$ （3-3）

式中：LDI_i 为栅格 i 的土地开发强度，A_i 为栅格 i 的不透水面面积，TA_i 为栅格 i 的总土地面积。

（4）景观格局指数分析。景观指数作为景观空间格局的重要研究方法，既是反映景观空间异质性的定量化指标，也是能够有效衡量景观功能的关键因子[62]。本书主要从类型水平和景观水平两个层次出发，进行鄱阳湖水陆交错带景观格局的动态研究。在景观类型水平上选取斑块数量（NP）、斑块密度（PD）、边缘密度（ED）、最大斑块面积比（LPI）、景观形状指数（LSI）、斑块结合指数（COHESION）等景观指数；在区域景观水平上选取斑块密度（PD）、聚集度（AI）、香农多样性（SHDI）、分离度（DIVISION）等指数，各景观指数及其释义如表 3-1 所示。

表 3-1　各类景观指数及其释义

景观指数名称	景观指数释义
斑块数量（NP）	某景观类型斑块的个数，用于衡量景观破碎度，其值的大小与景观破碎度存在正相关关系
斑块密度（PD）	单位面积上的斑块个数，反映景观空间异质性程度和破碎度
边缘密度（ED）	单位面积上斑块边界长度，反映斑块形状的不规则程度

景观指数名称	景观指数释义
最大斑块面积比（LPI）	最大斑块占整个景观面积的比例，其值的大小可以确定景观中的优势斑块类型，间接反映人类活动干扰的强弱和方向
景观形状指数（LSI）	景观类型边界总长度与同面积斑块最小边界长度的比值，其值越大，景观斑块形状越复杂
斑块结合指数（COHESION）	给定距离阈值内景观类型的连接程度，反映斑块在景观中的聚集和分散状态
聚集度（AI）	表示景观中不同斑块类型的聚集程度，其值越大说明空间分布离散，破碎化程度高，连通性低
香农多样性（SHDI）	反映景观异质性，对各斑块类型的非均衡分布状况较为敏感
分离度（DIVISION）	某景观类型中不同斑块数个体分布的分离度

3. 空间分析方法

空间分析是地理信息系统的重要功能，也是地理学相较于其他学科具有相对优势的分析方法，通过多时间截面下的空间分析基本可以实现时空、动态与静态相结合，以充分挖掘空间数据背后的重要信息与发展规律。本书拟通过空间可视化、空间自相关等方法刻画鄱阳湖水陆交错带生态韧性的时空演化和关联特征；运用地理加权回归模型探测不同解释变量对区域生态韧性的时空影响。

（1）空间自相关。空间自相关是利用统计学方法，通过描述某一地理要素的属性值与其在空间上相邻的各要素属性值之间是否存在显著关联的关系，用于揭示空间参考单元和邻近单元在属性特征值方面的空间相关特征，分为全局空间自相关和局部空间自相关。

1）全局空间自相关主要用来验证整个研究区域的空间模式和度量属性值在地域空间上的分布态势与集聚状况，本书采用 Moran's I 值来分析鄱阳湖水陆交错带生态韧性的全局空间演化特征。公式如下：

$$I = \frac{n \sum\limits_{i=1}^{n} \sum\limits_{j=1}^{n} w_{ij}(x_i - \bar{x})(x_j - \bar{x})}{\left(\sum\limits_{i=1}^{n} \sum\limits_{j=1}^{n} w_{ij}\right) \sum\limits_{i=1}^{n}(x_i - \bar{x})^2} \tag{3-4}$$

式中：n 为空间观测对象总量，x_i 和 x_j 分别表示空间位置上第 i 个和第 j 个观测对应点的值，x 为所有对象的平均观测值，w_{ij} 为空间权重矩阵，代表第 i 个和第 j 个观测对象在空间位置上的邻近关系。

Moran's I 的 Z-score 公式为：

$$Z = \frac{I - E(I)}{\sqrt{Var(I)}} \tag{3-5}$$

式中：$E(I)$ 表示 Moran's I 的期望值，$Var(I)$ 为 Moran's I 的方差，Moran's I 指数的取值范围为 $[-1, 1]$。当该值大于 0 时，表明研究区域之间存在正的空间相关性，且取值越大，区域属性因相似而聚集的程度越高；当该值小于 0 时，意味着存在负的空间相关性；当该值接近于 0 时，存在随机分布，说明不存在空间自相关性。

2）局部空间自相关是用来反映空间地域单元与其邻近空间单元属性特征值之间的相似性或相关性，主要识别"热点区域"以及数据的异质性检验，本书通过 LISA 集聚图来认识不同时间断面下鄱阳湖水陆交错带生态韧性的集聚类型和时空演化规律。对于第 i 个区域，其局部 Moran's I 的计算方法如下：

$$I_i = \frac{x_i - \overline{x}}{S^2} \sum_{j=1}^{n} w_{ij}(x_j - \overline{x}) \tag{3-6}$$

利用 LISA 系数判断生态韧性是否存在空间集聚性：当 LISA 系数大于 0 时，代表局部空间单元与邻近空间单元存在正的空间相关性，表现为"高—高"或"低—低"；当 LISA 系数小于 0 时，则表示"低—高"或"高—低"，其空间单元与邻近单元属性相异。

（2）地理加权回归模型。地理加权回归模型（GWR）是普通线性回归模型的改进，其原理是通过某一变量与邻近区域其他变量进行比较分析，根据数据所处的空间位置，以不同数据点和目标点的空间距离为基础，对各数据点赋予不同的权重，并且建立局部区域的加权回归方程，进而发现因空间异质性而出现的差异。GWR 在坐标为 (u_i, v_i) 的第 i 个观测点处的表达式如下：

$$y_i = \beta_0(u_i, v_i) + \sum_{j=1}^{k} \beta_j(u_i, v_i) x_{ij} + \varepsilon_i \qquad (3-7)$$

式中：y_i 为因变量，x_{ij} 为点 i 处的第 j 个自变量，$\beta_j(u_i, v_i)$ 是在 (u_i, v_i) 处的第 j 个自变量的回归系数，ε_i 表示随机误差项，k 为自变量个数。

（三）数据来源及预处理

1. 数据来源

本书研究所包含的数据主要为空间栅格数据和土地利用数据两大类，结合 ArcGIS10.8、Fragstats4.2 及 ENVI 等软件，通过数据分析得到各项指标的空间数据用作进一步处理。

空间栅格数据中的数字高程模型（DEM）来源于地理空间数据云（http：//www.gscloud.cn）所提供的 ASTER GDEM 30 米分辨率产品；1990~1999 年的归一化植被指数（NDVI）数据来自国家青藏高原科学数据中心（http：//data.tpdc.ac.cn）的 GIMMS 3 克 8 千米分辨率产品，2000~2020 年的归一化植被指数（NDVI）数据源自 LAADS DAAC（http：//ladsweb.modaps.eosdis.nasa.gov）提供的多波段数据 MOD13Q1，其分辨率为 250 米；地表温度数据源自地理空间数据云的 Landsat4-5 TM、Landsat 8 OLI_TIRS 分辨率为 30 米的卫星数据产品，经辐射定标后由 ENVI 软件中的大气校正法反演生成；夜间灯光数据源自国家青藏高原科学数据中心[248]，通过确定合适的灯光阈值并检查排除异常值后得到；NPP 数据源自美国国家航空航天局（https：//search.earthdata.nasa.gov）所提供的分辨率为 500 米的 MODIS 产品；气象数据及 2020 年的 GDP 数据源自国家地球系统科学数据中心（http：//www.geodata.cn）；2000~2019 年的 GDP 数据源自中国科学院资源环境科学数据中心（http：//www.resdc.cn），其分辨率为 1 千米；POP 数据源自 WorldPop（https：//hub.worldpop.org）所提供的分辨率为 100 米的产品。相关景观格局指数基于土地覆被数据运用 Fragstats4.2 软件中的移动窗口法以 1 千米移动半径计算得到。

鄱阳湖水陆交错带 2000 年、2010 年和 2020 年的土地利用数据源自中国科学院资源环境科学数据中心（http：//www.resdc.cn）提供的 30 米分辨率的地表覆盖栅格数据，并重分类为耕地、林地、草地、水域、建设用地和未利用地 6 类一级用地类型。由于研究区在不同水位情况下具有不同特征，故本书所用研究数据均来自同一季相下的相同或相近水位。

2. 数据预处理

所有数据均经过 ArcGIS10.8 软件重采样为 30 米×30 米的数据精度，并全部投影至 GCS_WGS_1984 地理坐标系。

由于评价体系中不同指标的计量单位存在差异，为了消除不同量纲所带来的影响，从而保证研究结果的准确性，因此在后续指标计算之前需要采用极差法对 12 个指标进行数据的归一化处理，即将指标的绝对值转化为相对值，使所有指标的数值介于 0~1，具体公式如下：

$$正向指标：X_{ij} = \frac{x_{ij} - \min(x_{ij})}{\max(x_{ij}) - \min(x_{ij})} \qquad (3-8)$$

$$负向指标：X_{ij} = \frac{\max(x_{ij}) - x_{ij}}{\max(x_{ij}) - \min(x_{ij})} \qquad (3-9)$$

式中：X_{ij} 为鄱阳湖水陆交错带第 i 年第 j 项指标归一化后的结果，x_{ij} 表示第 i 年第 j 项指标的原始数据，$\max(x_{ij})$、$\min(x_{ij})$ 分别为第 i 年第 j 项指标的最大值和最小值。

二、鄱阳湖水陆交错带乡镇土地利用与景观格局动态变化

土地利用变化是人类活动与生物物理过程相互作用的结果，也是区域复杂人地关系的直观表现形式。随着全球人口、资源和环境问题的日益突

出，了解土地利用变化的影响对于研究人类活动与自然环境变化之间的交互机制至关重要。就可持续发展而言，土地利用变化对全球气候变化以及由此产生的生态系统响应具有十分重要的意义。此外，当前世界上大多数发展中国家都在经历着快速城市化带来的不断增强的人类扰动强度所引起的区域土地利用与景观格局的快速变化，而不同土地利用类型之间的相互转换，导致生态系统功能供需冲突激烈，这些矛盾会对生态系统服务和人类福祉产生重大影响。本章从鄱阳湖水陆交错带土地利用变化和景观格局过程两个方面定量分析区域土地利用状况及景观格局，并归纳总结其时空演变特征，为鄱阳湖水陆交错带生态韧性的定量测度及生态系统的发展趋势奠定认知基础。

（一）土地利用时空演化特征

1. 土地利用的空间结构特征

鄱阳湖水陆交错带 2000 年、2010 年和 2020 年的土地利用/土地覆盖 Landsat-TM/ETM 与 Landsat 8 遥感影像数据，源自中国科学院资源环境科学数据中心（http://www.resdc.cn）提供的空间分辨率为 30 米的遥感数据，并将土地利用类型重分类为耕地、林地、草地、水域、建设用地和未利用地 6 类一级土地类型。通过 ArcGIS10.8 软件对土地利用数据进行矢量化，计算得到各类土地数据及比例（见表 3-2）。

表 3-2　鄱阳湖水陆交错带土地利用类型结构

地类	2000 年		2010 年		2020 年	
	面积（公顷）	比例（%）	面积（公顷）	比例（%）	面积（公顷）	比例（%）
耕地	327412.71	59.74	336559.52	61.41	329071.71	60.04
林地	71846.19	13.11	71105.56	12.97	70068.15	12.78
草地	23165.64	4.22	19315.55	3.52	18902.07	3.45
水域	100579.32	18.35	91123.21	16.63	91273.99	16.65
建设用地	19843.20	3.62	26187.45	4.78	35057.22	6.40
未利用地	5243.04	0.96	3798.81	0.69	3716.96	0.68

根据鄱阳湖水陆交错带 2000 年、2010 年及 2020 年土地利用类型结构分析，鄱阳湖水陆交错带土地利用结构发生了较大变化，以耕地、林地和水域为主要用地类型，占研究区总面积的 90% 左右。2000~2020 年研究区内建设用地面积变化最为明显，面积持续上升，总计增加 15214.02 公顷，增加幅度达到 76.67%；特别是在 2010~2020 年 10 年，建设用地呈现快速扩张趋势，且建设用地面积占比由 3.62% 提高至 6.40%，出现增加态势。林地、草地和未利用地面积均持续下降，20 年总计减少面积分别为 1778.04 公顷、4263.57 公顷、1526.08 公顷。耕地和水域面积呈现波动式变化，其中耕地面积先增后减，整体呈上升趋势，耕地面积总体增加 1659.00 公顷，面积占比由 59.74% 增至 60.04%；而水域面积则呈现先减后增变化趋势，但从整体来看，水域面积减少，减少幅度为 9.25%。

从土地利用空间分布来看（见图 3-3），研究区内各土地利用类型具有较为明显的空间分异性特征。鄱阳湖水陆交错带建设用地呈团块状、条带状及散点状分布，团块状主要分布在靠近南昌市的区域，2010~2020 年靠近南昌市的区域扩张最为显著，其原因是南昌市的快速城镇化发展导致城市建设用地范围的持续扩大；条带状则主要分布于新港镇、白鹿镇、姑塘镇及马影镇等靠近九江市中心城区的乡镇，该区域由于受到九江市中心城区的城市化快速发展以及庐山风景名胜区的旅游效应的辐射带动作用，这些地区的经济发展水平和人口集聚程度具有明显的上升趋势；而散点状主要分布在鄱阳镇、甘露镇及江益镇等地区。耕地作为鄱阳湖水陆交错带内分布最广、面积最大的用地类型，其广泛分布于研究区的南部平原地区。林地则主要在庐山和水陆交错带的东北部地区集中分布，林地的空间分布与地形具有显著的关联性。草地、水域及未利用地均以散点状分布。

2. 土地利用的转移状况

（1）土地利用转移矩阵分析。土地利用变化分析既表现为不同时期的各类土地利用类型的面积变化和空间分布特征，还包括不同土地利用类型之间相互转换的面积数量增减和方向。土地利用转移矩阵不仅可以定量地显示不同土地利用类型之间的转化，而且可以揭示不同土地利用类型之间

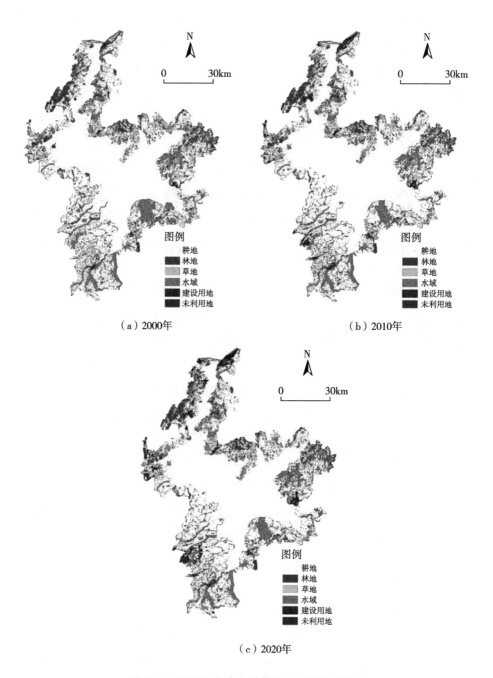

（a）2000年　　　　　　　　　　（b）2010年

（c）2020年

图3-3　鄱阳湖水陆交错带土地利用空间分布

的转移率。本书通过研究区内的 6 类一级土地利用类型之间的相互转换关系来探讨鄱阳湖水陆交错带在 2000~2020 年的土地转换数量特征（见表 3-3、表 3-4）。

表 3-3　2000~2010 年鄱阳湖水陆交错带土地利用转移矩阵

单位：公顷

地类	2010 年对比 2000 年						
	耕地	林地	草地	水域	建设用地	未利用地	总计
耕地	313999.84	1117.14	202.10	4952.98	6772.84	367.81	327412.71
林地	1594.39	69297.11	65.68	282.48	590.39	16.14	71846.19
草地	3219.26	376.22	18899.50	505.68	151.31	13.67	23165.64
水域	16528.38	281.58	111.24	82957.22	411.29	289.61	100579.32
建设用地	934.37	29.73	8.01	665.08	18204.79	1.22	19843.20
未利用地	283.28	3.78	29.02	1759.77	56.83	3110.36	5243.04
总计	336559.52	71105.56	19315.55	91123.21	26187.45	3798.81	548090.10

表 3-4　2010~2020 年鄱阳湖水陆交错带土地利用转移矩阵

单位：公顷

地类	2020 年对比 2010 年						
	耕地	林地	草地	水域	建设用地	未利用地	总计
耕地	321545.22	2899.80	577.56	2864.11	8634.32	38.51	336559.52
林地	2803.92	66593.48	238.47	245.35	1215.30	9.04	71105.56
草地	563.20	238.07	17895.45	206.99	407.89	3.95	19315.55
水域	2409.98	223.96	151.46	87611.07	630.30	96.44	91123.21
建设用地	1713.79	103.43	36.16	187.36	24146.24	0.47	26187.45
未利用地	35.60	9.41	2.97	159.11	23.17	3568.55	3798.81
总计	329071.71	70068.15	18902.07	91273.99	35057.22	3716.96	548090.10

2000~2010 年鄱阳湖水陆交错带各类土地利用类型的转移面积总计为 41621.28 公顷，占土地总面积的 7.59%。此阶段研究区的土地利用类型主要表现为耕地和建设用地面积增加，而林地、草地、水域及未利用地则出

现面积减少的特征。耕地的面积增加主要由林地、草地和水域等用地类型转入，其中水域是对耕地面积增加贡献最大的用地类型，水域转化为耕地面积为 16528.38 公顷，其贡献率达到 73.27%，耕地净增加面积为 9146.81 公顷。建设用地的面积转入来源主要是耕地、林地等土地类型，转入总面积为 7982.66 公顷，其中耕地对建设用地的转入贡献率高达 84.84%，建设用地的净增加面积为 6344.25 公顷。林地主要转化为耕地、建设用地等用地类型，转出总面积为 2549.08 公顷，而林地转出率最大的用地类型是耕地，转化率为 62.55%，林地净减少面积为 740.63 公顷。草地主要转化为耕地和水域等用地，其转移的面积为 4266.14 公顷，草地面积净减少 3850.09 公顷。水域则主要转化为耕地、建设用地等土地类型，其净减少面积为 9456.11 公顷。未利用地主要转化为耕地和水域，转出总面积为 2132.68 公顷，未利用地净减少面积为 1444.23 公顷，其减少的土地面积大部分转化为水域。

2010~2020 年鄱阳湖水陆交错带各类土地利用类型的转移面积总计为 26730.09 公顷，占土地总面积的 4.88%。10 年间研究区的土地利用变化主要表现为水域和建设用地面积增加，耕地、林地、草地及未利用地面积减少。水域的面积主要由耕地及林地等用地类型转入，其中耕地对水域面积增加贡献最大，耕地转化为水域面积为 2864.11 公顷，转入率高达 78.19%，水域净增加面积为 150.78 公顷。建设用地面积增加的主要来源是耕地及林地等土地类型，转入总面积为 10910.98 公顷，其中耕地转化为建设用地的贡献率为 79.13%，建设用地面积净增加值为 8869.77 公顷。耕地主要转化为林地、水域和建设用地等类型，转出总面积为 15014.30 公顷，其净减少面积为 7487.81 公顷。林地的转出对象主要为耕地和建设用地等土地类型，转移面积为 4512.08 公顷，其中转出对象面积最大的用地类型是耕地，转化率为 62.14%，林地净减少面积为 1037.41 公顷。草地主要转化为耕地、建设用地与林地等用地类型，其转出面积为 1420.10 公顷，净减少面积为 413.48 公顷。未利用地主要转化为水域等土地类型，且与林地及草地之间的转化不太活跃，其中未利用地转化为水域的转出率较高，为 69.10%，转移总面积为 230.26 公顷，净减少面积为 81.85 公顷。

综合考虑 2000～2020 年鄱阳湖水陆交错带土地利用类型之间的转化情况，由表 3-5 可知，研究期内各类土地利用类型的转移面积共计为 62208.63 公顷，占土地总面积的 11.35%。在 2000～2010 年和 2010～2020 年的两个阶段内，鄱阳湖水陆交错带土地利用类型转化的面积占土地面积的比值分别为 7.59%、4.88%，两个时期的土地转换幅度相差不大甚至呈现下降趋势，表明随着研究区经济发展水平的不断提高，各类土地利用类型之间的转化逐步趋于稳定，这主要得益于后一阶段政府积极推动的生态文明建设及发展生态经济政策得到有效落实。同时，在各类土地利用类型的转换关系中，耕地、林地和水域向建设用地的转化形式最为常见，体现了在城镇化快速发展的过程中，鄱阳湖水陆交错带作为典型的人地耦合系统，其内部的人—地关系与人—水关系的矛盾与冲突依然复杂多样。

表 3-5　2000～2020 年鄱阳湖水陆交错带土地利用转移矩阵

单位：公顷

地类	2020 年对比 2000 年						
	耕地	林地	草地	水域	建设用地	未利用地	总计
耕地	301678.05	3230.22	629.41	6772.81	14732.37	369.85	327412.71
林地	3594.03	65773.00	239.90	445.24	1772.50	21.52	71846.19
草地	3622.96	545.07	17757.81	682.62	544.57	12.61	23165.64
水域	17752.62	425.78	223.96	80804.28	1034.19	338.49	100579.32
建设用地	2094.51	80.55	30.77	738.79	16896.21	2.37	19843.20
未利用地	329.54	13.53	20.22	1830.25	77.38	2972.12	5243.04
总计	329071.71	70068.15	18902.07	91273.99	35057.22	3716.96	548090.10

（2）土地利用空间转移变化。为了更直观地了解鄱阳湖水陆交错带 2000～2020 年土地利用类型转移的空间格局变化，通过 ArcGIS10.8 软件对 6 类一级土地利用类型的转出情况进行空间可视化表达，如图 3-4 所示。

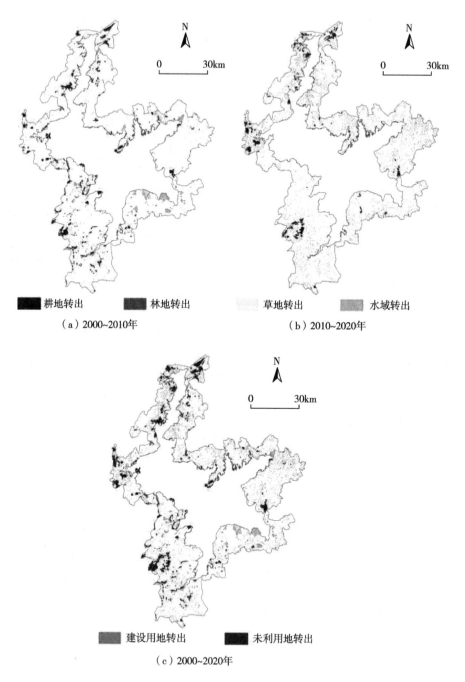

图 3-4　2000~2020 年土地利用类型转出空间分布

分时段来看，2000～2010年鄱阳湖水陆交错带土地利用类型转出的整体空间分布特征主要表现为散点状分布，从耕地的变化情况来看，研究区西部的耕地转出频次较东部地区明显，其主要分布于靠近南昌市和九江城区的区域；水域的转出则相对集中地分布在研究区的南部农耕平原地区，且在研究区的东南部出现小规模的集聚性转化；而林地、草地、建设用地及未利用地的转出活跃程度相对较低。2010～2020年，鄱阳湖水陆交错带的土地利用类型转化发生的主导形式是耕地的转出，耕地转出的空间格局呈现出组团式的土地利用变化特征，特别是在靠近南昌市的区域以及研究区的西部和北部地区出现组团式分布，而东部地区的土地利用变化的分布比较均匀；在此阶段内，其他5类土地利用类型的转出情况均未发生显著变化。2000～2020年，鄱阳湖水陆交错带耕地转出的空间格局呈现为条带状和团块状分布，条带状主要出现在研究区的西北部地区，而在靠近南昌市中心的区域集中分布且逐渐向外部扩展；林地和草地的转出主要分布于研究区的东北部；水域的转出情况较2000～2010年相比变化不大；建设用地和未利用地的转出活跃程度仍然较弱。总的来说，两个阶段内研究区耕地的转出频率均为最高，并且2010～2020年的耕地转出幅度较前一阶段显著，这表明随着城镇化的快速发展以及人口集聚程度的不断提高，耕地作为城市建设和人类生产生活的重要缓冲空间，其逐渐成为城镇建设用地增长的主要来源。

3. 土地利用的动态变化分析

单一土地利用动态度作为反映区域土地利用变化的重要指标，能衡量研究区某类土地利用类型在一段时期内变化的速率及幅度，图3-5为鄱阳湖水陆交错带2000～2010年、2010～2020年以及2000～2020年的土地利用动态度。

由图3-5可知，研究期内耕地和水域出现正负值变化，林地、草地和未利用地均始终为负值，说明这3类土地利用面积呈现持续缩减态势，而建设用地始终表现为正值，呈不断增长的趋势。2000～2020年建设用地面积持续增加，由3.20%上升至3.39%，两个阶段内的土地利用变化速度差

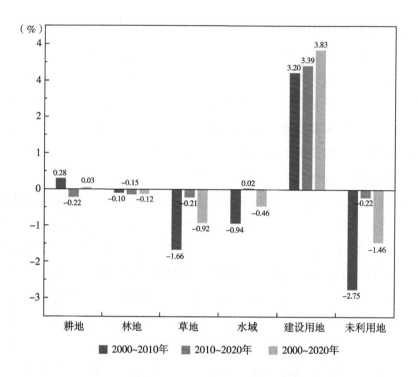

图 3-5 鄱阳湖水陆交错带各类土地利用动态度

异不大；林地、草地及未利用土地的面积则出现持续减少的态势，其中未利用地在前后两个时期变化最为显著，其缩减速度由 2.75% 急剧下降至 0.22%，草地的缩减速度由 1.66% 变为 0.21%，而林地的面积变化则以相对稳定的速度进行，前后两个时期的缩减速度分别为 0.10% 和 0.15%；耕地在第一时期是以 0.28% 的速度增加，而到第二时期反向变化为以 0.22% 的速度减少；水域则与耕地的变化情况相反，呈现出先减少后增加的变化趋势，由前一时期 0.94% 的缩减速度转变为后一时期 0.02% 的缓慢增加速度。总体来看，鄱阳湖水陆交错带在 2000~2010 年的各类土地利用变化速度较 2010~2020 年相比更为剧烈，耕地和建设用地呈增长变化趋势，而其他 4 类用地则表现为缩减态势，且建设用地动态变化最为活跃，林地的变化相对比较缓慢。

（二）景观格局过程

1. 景观类型水平

借鉴其他学者的研究经验[249-250]，结合鄱阳湖水陆交错带土地利用演化特征，本书在景观类型水平上选取斑块数量（NP）、斑块密度（PD）、边缘密度（ED）、最大斑块面积比（LPI）、景观形状指数（LSI）、斑块结合指数（COHESION）等景观指数，各类景观指数的生态学意义如表3-1所示。基于鄱阳湖水陆交错带 2000 年、2010 年和 2020 年土地利用/土地覆盖 Landsat-TM/ETM 与 Landsat 8 的 30 米空间分辨率遥感影像数据，将土地利用类型重分类为耕地、林地、草地、水域、建设用地和未利用地 6 类一级土地类型，通过 ArcGIS10.8 和 Fragstats4.2 软件计算出不同土地利用类型的景观指数，并做出各类景观指数随时间的变化图（见图 3-6）。

由图 3-6 可知，斑块数量和斑块密度用于表征鄱阳湖水陆交错带景观类型的破碎化程度，在研究期内两者的变化情况基本一致，均为建设用地的斑块数量与斑块密度最大，未利用地最小。整体来看，由于人类活动的干扰，耕地景观类型的斑块破碎化程度逐渐加强，林地、建设用地与未利用地的破碎化程度则呈现不断减弱的态势，而草地和水域的斑块数量、斑块密度均出现先减少后增加的趋势，其景观破碎化程度先下降后上升。另外，耕地的边缘密度数值最大，其景观类型的斑块破碎化较明显，建设用地的边缘密度也出现逐年增加的趋势，表明景观类型的斑块形状趋于复杂化。从最大斑块面积比的变化情况来看，耕地、草地及水域均出现先减少后增加的变化趋势，林地变化不大，建设用地和未利用地则呈现逐年增加的态势，且耕地、林地及水域的最大斑块面积比数值始终处于领先，表明研究区内自然景观斑块类型的优势度占主导地位。同时，耕地、草地和水域的景观形状指数出现增加趋势，说明自然景观斑块的形状趋于不规则变化，景观破碎化程度逐渐上升，然而建设用地的景观形状指数逐年减小，表明建设用地扩张导致的景观破碎化程度升高得到一定减缓。斑块结合指

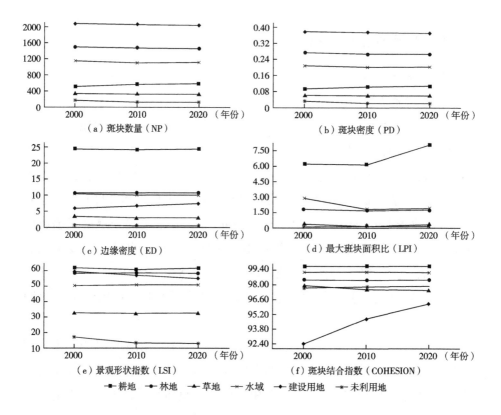

(a) 斑块数量（NP）

(b) 斑块密度（PD）

(c) 边缘密度（ED）

(d) 最大斑块面积比（LPI）

(e) 景观形状指数（LSI）

(f) 斑块结合指数（COHESION）

■—耕地　●—林地　▲—草地　×—水域　●—建设用地　＊—未利用地

图 3-6　各类土地利用类型景观格局指数

数（COHESION）可以表征鄱阳湖水陆交错带的景观连通性，在研究期内，耕地、林地、水域和未利用地均波动不大，草地呈减小变化趋势，建设用地持续增加，说明草地景观的连通性逐渐降低，而建设用地的景观连通性出现较大幅度的增强。

2. 区域景观水平

本书在区域景观水平上选取斑块密度（PD）、聚集度（AI）、香农多样性（SHDI）、分离度（DIVISION）等指数，各类景观指数的生态学意义详见表 3-1。基于鄱阳湖水陆交错带 2000 年、2010 年与 2020 年的土地利用数据，运用 Fragstats4.2 软件的移动窗口法以 1 千米移动半径计算得到各类景观格局指数空间分布（见图 3-7）。

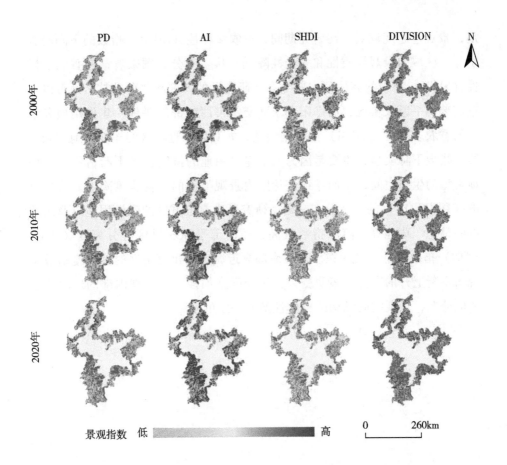

图 3-7　2000 年、2010 年和 2020 年鄱阳湖水陆交错带景观格局指数空间分布

　　从斑块密度（PD）的空间分布来看，鄱阳湖水陆交错带的南部平原农耕区的斑块密度较低，而靠近城区的建设用地以及东北部的林地、草地等斑块密度较高，2010～2020 年由于城镇化的快速发展，建设用地急剧扩张，导致耕地面积减少，区域的景观破碎化程度增强，尤其研究区的西北部及靠近南昌市的区域斑块变化显著。聚集度（AI）表示不同景观斑块类型的聚集程度，其空间分布格局显示研究区内的水域、北部林区以及南部平原农耕区的聚集度指数较高，表明这些区域的景观连通性较强，而建设用地与东部林地、草地的斑块聚集程度较低，说明其斑块稳定性相对不

足，景观连通度较差。在研究期间，香农多样性（SHDI）指数的下降趋势明显，区域的景观异质性和多样性降低，从空间分布图来看，其香农多样性（SHDI）指数的高值区主要分布在研究区的东部和北部的林区地带以及东南部的平原农耕区，而鄱阳湖水陆交错带西南部的耕地、建设用地和水域的香农多样性（SHDI）指数则偏低，尤其以靠近城区的建设用地香农多样性指数下降明显，主要是因为城市建设用地的持续扩张不断占用其他用地类型的生态空间，从而导致该片区内景观类型的丰富程度降低。从分离度（DIVISION）的空间分布来看，研究区内靠近城区的建设用地以及东北部的林地、草地等分离度指数较高，而南部平原农耕区的分离度（DIVISION）指数较低，其中在研究区南部靠近城区的建设用地的分离度指数呈现出不断上升的态势，表明受人类扰动程度加强，其景观内部的斑块趋于离散分布，景观空间结构的整体性遭到一定的割裂。

第四章
鄱阳湖水陆交错带乡镇生态韧性
评价与时空格局演变分析

近年来，随着城镇化的快速发展，城市建设用地的持续扩张以及不断增强的人类扰动强烈地改变着区域的生态空间格局，鄱阳湖水陆交错带正面临着水体污染、人地关系矛盾、水土流失等生态问题，逐步成为制约区域可持续发展的瓶颈，而科学认识鄱阳湖水陆交错带生态韧性的时空演变特征对于区域寻求生态、生产、生活空间的和谐统一具有重要意义，也成为当前开展生态环境保护的迫切需求。本章基于适应性循环理论框架"潜力—连通度—恢复力"三维综合评价体系，以乡镇为研究单元，对鄱阳湖水陆交错带 2000 年、2010 年和 2020 年的生态韧性进行评估，并以适应性循环理论的定量研究为基础，对研究区域的 85 个乡镇在 2000—2020 年所处的韧性演化阶段进行空间落位，明确各乡镇生态韧性的基本状况，初步预测未来发展阶段及其特征，可以为决策者加强区域生态系统发展提供重要指导，更好地在规划层面上实现因地制宜。

一、生态韧性评价指标体系构建

（一）评价模型构建思路与框架

1973 年，生态学家 Holling 首次挑战了传统生态平衡与稳定范式，将韧性概念导入生态学领域，并概括为系统受到干扰之后恢复到维持其基本功能和结构的能力。韧性具有在改变自身结构前吸收与承受外部干扰的能力、在面对外部扰动时系统内部重组后的更新能力以及继续面对外部影响的存续力，在此基础上，系统的动态循环过程应包含开发（r）、保护（K）、释放（Ω）、重组（α）四个演化阶段，从而以整体和动态两种视角来理解系统内部与外在胁迫之间的相互作用机制。因此，生态适应性循环理论是对传统生态系统演替观点的完善和拓展[251]，而其中的适应性是指人类活动和自然生态系统应对正在或即刻发生的扰动时为保持自身结构与功能的稳定而做出转变过程[252]。该模型通过构建"潜力—连通度—恢复力"三重属性的三维框架，定量刻画了生态韧性动态演化过程中的四个阶段，即系统在发展过程中将经历快速生长阶段（r）、稳定守恒阶段（K）、释放阶段（Ω）与重组阶段（α），它代表区域生态系统的一个生命周期[194]，同时将推动系统发展演变的共同作用归纳为潜力、连通度及恢复力三个维度的特征属性，三种特征彼此之间具有相互作用，系统在不同的发展阶段会具有不同的潜力、连通度和恢复力特征，且具有相对稳定的发展趋势。

（二）指标选取依据及相关测度方法

随着城镇化的快速发展，人类活动强度增强对自然环境的干扰加剧，被认为是影响地球生态系统的最主要的外部因素[253]。适应性循环理论作为启发式模型[254]，它为理解复杂系统与韧性效应之间的相互作用关系提供了一个整体的、动态的过程。鄱阳湖水陆交错带作为承载着特殊且复杂的人地关系的复杂适应系统，被认为是典型的人地耦合系统[51]。因此，引入适应性循环理论来构建该框架可以在空间尺度上直观地反映区域生态韧性。本章基于上述理论基础及研究区自身生态本底的特点，同时借鉴刘焱序等[255]、景培清等[256] 的研究，以"潜力—连通度—恢复力"3 个特征属性作为韧性准则层，选取 12 个相关指标来表征区域生态韧性。

1. "潜力"维度的指标及其测度方法

潜力表示系统所控制的资源和要素，反映了区域生态系统韧性的属性和现状，包括地形地貌、植被特征及城镇化发展水平等。其中坡度可以表征水土流失、滑坡等地质灾害发生的可能性，以 2°和 15°作为韧性阈值进行归一化计算；植被覆盖对维持区域生态系统服务功能具有重要作用，NDVI 能反映植被生长状况和生态系统健康程度，采用最大值合成法计算NDVI 值，以 0.1 和 0.8 作为韧性阈值进行归一化计算；地表温度和夜间灯光强度能够在一定程度上反映社会经济发展与人类活动对区域生态系统产生的负面影响，前者由 ENVI 软件中的大气校正法反演生成，后者可以通过确定合适的灯光阈值并检查排除异常值后进行归一化处理，通常高值区表示高密度建筑和高强度人类活动，该区域作为潜在风险的滋生地，其值越高则意味着综合韧性水平越低。

2. "连通度"维度的指标及其测度方法

连通度表示系统内部各个组成要素之间的相互作用强度和联系格局，反映不同景观结构和类型对生态韧性的相应程度以及人类活动对区域景观连通性的影响。其中香农多样性指数反映区域内景观镶嵌格局状况和景观类型的多样性特征，一般认为，区域内景观类型越丰富，邻近景观单元间的相互作用越强，系统因外界干扰而崩溃的风险相对越小，生态韧性越高；蔓延度指数用以表征自然生态系统景观斑块的延展性和连通度，其值越高则斑块破碎化程度越小，区域韧性越高；以上两个指标均采用 Fragstats4.2软件中的移动窗口法以1千米移动半径计算。大面积的水体往往对区域生态环境有良好的促进与维持作用，水体距离可以通过ArcGIS10.2软件中的欧几里得距离计算得到，归一化后，水域本身韧性为1，向周边不断衰减，直至为0。城市建设与人类活动对景观连通性的干扰主要从建设用地距离和道路距离两个方面来体现，两者刻画了城市建设用地扩张对周围景观斑块的破碎化影响，基于ArcGIS10.2的欧几里得距离计算得到，归一化后，建设用地与道路用地本身韧性为0，向周边不断递增，直至为1。

3. "恢复力"维度的指标及其测度方法

恢复力表示系统经受干扰后可维持其功能与结构的能力，即韧性要素的适应力。系统韧性通常受到自身发展演替和外界环境干扰的共同影响，包括生态恢复的趋向、土地利用以及社会经济发展对系统的干扰趋势等。其中土地利用风险可以反映不同土地利用类型抵抗外界扰动的能力，参照景观生态风险评价中的脆弱度赋值方式，赋建设用地为1、未利用地为0.9、耕地为0.5、草地为0.2、水域为0.1、林地为0；植被覆盖变化趋势表征系统自身生态特征的变化趋势，选取近10年的NDVI作一元线性回归趋势分析，趋势增长越显著则表明区域环境承载力越大，综合韧性越高；夜间灯光强度变化趋势可以反映城市规模与人类活动带来的潜在风险对区域的干扰作用的变化趋势，利用近10年的夜间灯光强度作一元线性回归趋势分析，趋势增长表示城市化水平及人类活动增强，系统所受外界扰动加剧，区域韧性降低。

（三）指标权重的确定

权重是指某一项指标相对于整个评价体系的重要程度，本章中的权重是根据各项指标对生态韧性的贡献度来划分，为了保证研究结果的科学性和客观性，通过熵权法对各项指标赋予权重。熵权法是一种客观赋权的方法，可以有效减少主观因素的干扰[257]。具体而言，熵权法反映了样本中信息熵的真实值，在很大程度上避免了权重决策过程中的主观性和随机性，因此得到的指标权重会更加客观。具体运算步骤和公式如下：

计算出第 i 年第 j 项指标的比重值 q_{ij}：

$$q_{ij} = \frac{X_{ij}}{\sum\limits_{i=1}^{n} X_{ij}} \quad (i=1,\ 2,\ 3,\ \cdots,\ n;\ j=1,\ 2,\ 3,\ \cdots,\ m) \qquad (4-1)$$

各项指标信息熵计算：

$$e_j = -k \sum\limits_{i=1}^{n} (q_{ij} \times Inq_{ij}),\ \ 令\ k = \frac{1}{In(n)} (0 \leqslant e_j \leqslant 1) \qquad (4-2)$$

计算信息熵冗余度：

$$d_j = 1 - e_j \qquad (4-3)$$

各项评价指标 j 的权重计算：

$$w_j = \frac{d_j}{\sum\limits_{j=1}^{m} d_j} \qquad (4-4)$$

准则层指标的权重计算：

$$w'_j = \sum\limits_{j=1}^{z} w_j \qquad (4-5)$$

式中，z 表示各项准则层指标所包含的指标数量。

根据上述公式得出生态韧性 12 项指标的权重值和 3 项准则层指标的权重值，具体如表 4-1 所示。

表 4-1 鄱阳湖水陆交错带生态韧性评价指标体系

准则层	指标	内涵	类型	权重
潜力 （0.3370）	坡度	滑坡等地质灾害	反向	0.0034
	植被覆盖	植被空间分布状况	正向	0.1830
	地表温度	地表热环境影响	反向	0.0151
	夜间灯光强度	经济社会发展情况	反向	0.1355
连通度 （0.3723）	香农多样性指数	景观类型空间变异性	正向	0.0809
	蔓延度指数	斑块的延展性和连通度	正向	0.0451
	水体距离	系统的多种生态系统服务能力	反向	0.0032
	建设用地距离	城市化对于自然生态的影响	正向	0.1263
	道路距离	城市建设对生态连通性的干扰	正向	0.1168

准则层	指标	内涵	类型	权重
恢复力 （0.2907）	土地利用风险	土地利用类型抗干扰能力	反向	0.0150
	植被覆盖变化趋势	生态系统的抗干扰恢复能力趋势	正向	0.0044
	夜间灯光强度变化趋势	社会经济发展对生态系统干扰趋势	反向	0.2713

二、鄱阳湖水陆交错带生态韧性各维度时空演变特征

（一）"潜力"层面韧性时空变化

1. 生态系统潜力时序演变特征

鄱阳湖水陆交错带 2000 年、2010 年、2020 年生态系统潜力的平均值分别为 0.7689、0.7838 和 0.7711，呈现出先上升后下降、总体增长的趋势，表明在 2000~2010 年研究区实施退田还湖等生态工程所产生的积极影响大于该时期城市建设用地扩张对生态环境的消极影响，而在 2010~2020 年，随着城镇化的快速发展，城市建设用地不断侵占生态空间，导致区域环境承载力不足，生态系统潜力下降。

为进一步分析生态系统潜力的变化特征，将其划分为 5 个等级：低（Ⅰ）、较低（Ⅱ）、中等（Ⅲ）、较高（Ⅳ）、高（Ⅴ），计算得出各层级潜力区的面积及比例（见表 4-2）。由表可知，2000~2020 年鄱阳湖水陆交错带生态系统潜力主要以中等生态潜力等级和较高生态潜力等级为主，两者的面积之和占比均超过 50%，表明在此期间研究区的生态系统潜力一直处于中上水平。随着城市建设用地的持续扩张以及不断增强的人类扰动，生态系统所受外部风险加剧，从而导致低潜力区的面积呈现出逐年增

长的态势，面积增加 7125.17 公顷。同时，鄱阳湖水陆交错带高生态潜力区的面积也出现较为显著的持续增长趋势，面积占比增加 10.62%，面积增加 58207.17 公顷，这主要得益于研究区自身较高的生态系统潜力应对外部环境风险时所提供较好的防范和支撑作用。中等生态潜力区和较高生态潜力区的面积均表现为逐年减少的变化趋势，研究期内中等生态潜力区的面积变化较为稳定，而较高生态潜力区的面积在 2010~2020 年出现较大幅度的下降，其面积占比减少 11.63%，面积减少 63742.87 公顷。较低生态潜力区的面积变化情况则呈现出先减后增、总体增长的趋势，尤其在 2000~2010 年面积缩减 19512 公顷，面积占比减少 3.56%。

表 4-2　生态系统潜力各层级面积及比例

等级	值域	2000 年		2010 年		2020 年	
		面积（公顷）	比例（%）	面积（公顷）	比例（%）	面积（公顷）	比例（%）
Ⅰ	0~0.40	5919.37	1.08	8659.82	1.58	13044.54	2.38
Ⅱ	0.40~0.65	61824.56	11.28	42312.56	7.72	72841.17	13.29
Ⅲ	0.65~0.75	97943.70	17.87	89119.45	16.26	85337.63	15.57
Ⅳ	0.75~0.85	265494.84	48.44	265165.99	48.38	201751.97	36.81
Ⅴ	0.85~1.00	116907.62	21.33	142832.28	26.06	175114.79	31.95

2. 生态系统潜力空间格局演变

2000 年、2010 年和 2020 年鄱阳湖水陆交错带生态系统潜力的空间分布格局如图 4-1 所示。研究期内，生态系统潜力空间分布的差异性显著，呈现出"东高西低、南高北低"的空间分布特征。2000 年，高生态潜力区主要分布在庐山风景名胜区、东北部林区以及瑞洪镇、康山乡等乡镇，低生态潜力区则主要在研究区域的西部呈条带状分布，其原因是该片地区靠近南昌市和九江市的中心城区，所受到城市发展带来的外部环境扰动和威胁相对较多，另外，由于人口密度较大，鄱阳镇、白沙洲乡、都昌镇及北山乡也成为低生态潜力区。2010 年，高生态潜力区的范围有所增大，主要分布在庐山、东北部林区及南部平原农耕区，靠近九江市中心城区的低

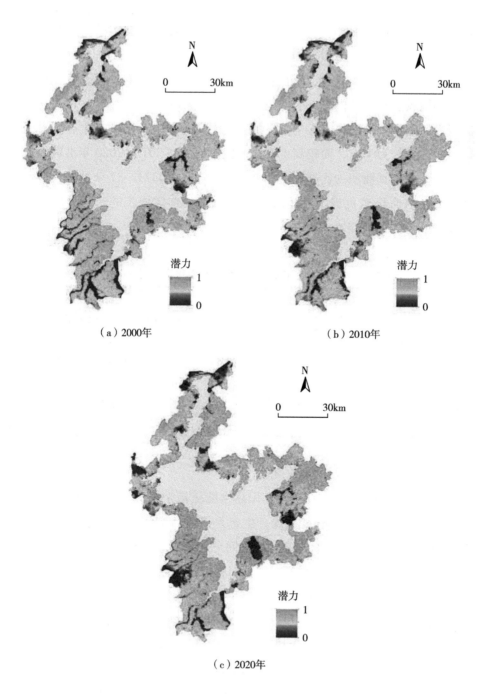

（a）2000年

（b）2010年

（c）2020年

图 4-1　2000 年、2010 年和 2020 年鄱阳湖水陆交错带生态系统潜力空间分布格局

生态潜力区与 2000 年相比变化不大，而靠近南昌市中心城区的低生态潜力区出现了较小规模的集聚现象，同时白沙洲乡、都昌镇和北山乡的潜力低值区范围有所缩减，但鄱阳镇的低生态潜力区范围则表现为进一步向北部扩散。2020 年，高生态潜力区的强度整体呈现较大规模的提高，同时随着城镇化的不断发展，其低生态潜力区的范围均出现扩大趋势，主要分布于研究区的西部和北部地区，且靠近南昌市中心城区的潜力低值区的集聚规模进一步增大，鄱阳镇、白沙洲乡、都昌镇及北山乡的低生态潜力区范围较 2010 年相比均表现为扩大的态势。

2000~2020 年，生态系统潜力的空间分布整体呈现高生态潜力区，主要聚集在庐山、东北部林区和南部平原农耕区，这些区域的景观类型主要以耕地和林地为主，作为生态系统服务与功能的支撑者，能更好地发挥其生态价值，故形成潜力高值区；低生态潜力区则主要在西部、北部及靠近南昌市的区域集中分布，其景观类型主要为建设用地，可见生态系统潜力的空间分布受区域景观类型的影响较大，同时城市发展是影响潜力低值区空间分布的关键因素，区域建设用地的逐年增长范围与低生态潜力区的空间扩张趋势具有相似性，这是由于在城市建设用地持续扩张以及人类活动不断增强的双重现实背景下，区域生态环境所受外部胁迫增强，从而导致环境承载力不足，系统潜力下降。

（二）"连通度"层面韧性时空变化

1. 生态系统连通度时序演变特征

2000 年、2010 年和 2020 年鄱阳湖水陆交错带生态系统连通度的平均值分别为 0.3924、0.3542、0.3695，整体呈现"V"型起伏下降，表明区域生态系统连通度逐渐减弱，特别是在 2000~2010 年，研究区的生态系统连通度出现较大幅度的下降，其主要原因是城市发展新增建设用地，导致区域生态空间不断被侵占，从而耕地、林地以及草地等景观类型的斑块破碎化程度加深，区域整体的连通性降低。

为深入分析连通度水平的变化趋势，将其划分为 5 个等级：低（Ⅰ）、较低（Ⅱ）、中等（Ⅲ）、较高（Ⅳ）、高（Ⅴ），并计算得出各层级连通度的面积及比例（见表4-3）。研究结果表明，在生态系统连通度的时间变化特征方面，随着城镇化的快速发展以及不断增强的人类扰动，2000～2020年，处于低水平连通度的面积表现为持续增长的态势，面积增加14085.92公顷，面积占比由4.02%上升至6.59%。较低等级连通度的面积呈现出先上升后下降、整体增长的变化趋势，面积占比增加2.69%，且该等级连通度在研究期内一直占据主导地位，其面积占比均超过35%。而处于中等水平连通度的面积则呈现先减少后增加、总体上升的变化态势，面积总计增加28226.63公顷。较高等级连通度和高等级连通度的面积均呈现逐年下降的变化趋势，其面积占比分别减少8.52%、1.89%。总的来看，2000～2020年鄱阳湖水陆交错带生态系统连通度主要以较低水平连通度和中等水平连通度为主，且两者的面积之和占比长期保持在65%以上，对研究区的连通度水平起决定性作用，表明区域的整体连通度水平处于中下水平。同时，高等级连通度面积的持续减少以及低等级连通度面积的逐年增加，这一变化趋势进一步说明鄱阳湖水陆交错带的生态系统连通度水平在未来一段时间内将继续出现退步现象。

表4-3　生态系统连通度各层级面积及比例

等级	值域	2000年		2010年		2020年	
		面积（公顷）	比例（%）	面积（公顷）	比例（%）	面积（公顷）	比例（%）
Ⅰ	0～0.20	22033.22	4.02	32666.17	5.96	36119.14	6.59
Ⅱ	0.20～0.35	193695.04	35.34	268399.72	48.97	208438.67	38.03
Ⅲ	0.35～0.45	175059.98	31.94	143215.94	26.13	203286.61	37.09
Ⅳ	0.45～0.60	127485.76	23.26	82542.37	15.06	80788.48	14.74
Ⅴ	0.60～1.00	29816.10	5.44	21265.90	3.88	19457.20	3.55

2. 生态系统连通度空间格局演变

2000年、2010年和2020年鄱阳湖水陆交错带生态系统连通度空间分布格局如图4-2所示。由图可知，在生态系统连通度的空间差异方面，2000年、2010年和2020年区域连通度水平均表现出较为相似的空间分布格局，且具有显著的空间异质性特征。

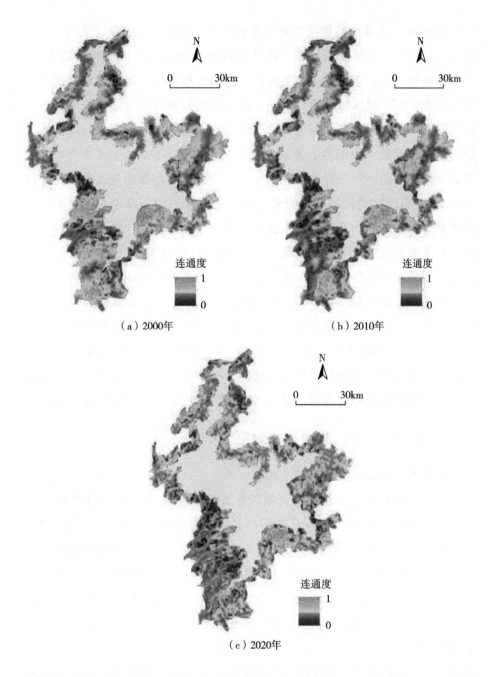

（a）2000年　　　　　　　　　　　　（b）2010年

（c）2020年

图4-2　2000年、2010年和2020年鄱阳湖水陆交错带生态系统连通度空间分布格局

2000 年，连通度高值区主要分布于庐山、东北部林区以及康山乡、瑞洪镇、联圩镇、罗溪镇等地区，这些区域的景观类型以林地和耕地为主，人口密度较小，由于其所受人类活动的影响相对较低，自然景观结构的完整性保存较好，故区域连通度较高；而连通度低值区的分布范围较广，主要在研究区西北部和东北部呈条带状分布，且在靠近南昌市中心城区的区域出现集聚现象。2010 年，连通度高值区分布范围缩减，主要在庐山、东北部林区和康山乡等局部地区分散分布；研究区西北部的连通度低值区范围较 2000 年相比变化不大，而东北部连通性水平则下降明显，同时，邻近南昌市中心城区的低值区范围也表现出较大规模的片状集聚现象，主要原因是伴随着城镇化的快速发展，城市建设用地的持续扩张以及不断完善的道路网结构导致各景观类型斑块被切割，其破碎化程度增强，进而造成区域连通性急剧下降。2020 年，连通度高值区的分布范围出现进一步缩减，主要分布于庐山风景名胜区和康山乡；而连通度低值区仍主要在研究区西北部、东北部以及靠近南昌市的区域集中分布，但是由于政府在 2010~2020 年颁布实施的发展生态经济等政策，鄱阳湖水陆交错带生态系统连通度低值区的强度得到一定程度的缓解，区域连通性水平稍有回升。

（三）"恢复力"层面韧性时空变化

1. 生态系统恢复力时序演变特征

2000~2020 年鄱阳湖水陆交错带生态系统恢复力的平均值由 0.5323 上升至 0.8910，而后又下降至 0.6735，整体呈倒"V"型摆动上升趋势，由于研究区域受到 1998 年特大洪水的冲击与扰动，灾害带来的急性冲击使系统所承受的外部胁迫在较短时间内迅速增加，导致区域生态系统结构和功能遭到破坏，其恢复力急剧下降。在前 10 年（2000~2010 年），随着政府积极采取湿地保护与恢复工程、水土保持生态建设工程等措施，区域生态系统功能逐步重组并恢复，从而使得系统恢复力有所提高。而后 10 年（2010~2020 年），在城镇化快速发展的背景下，建设用地和道路用地不断压缩生态空间，降低了区域生态系统的服务能力和稳定性，进而导致系统应对风险的化解能力减弱，故生态系统恢复力下降。

为进一步比较生态系统恢复力水平的变化趋势，将其划分为 5 个等级：低（Ⅰ）、较低（Ⅱ）、中等（Ⅲ）、较高（Ⅳ）、高（Ⅴ），并计算得出各层级恢复力的面积及比例（见表 4-4）。由表 4-4 可知，2000 年研究区域生态系统恢复力主要以较低等级为主，其面积占比高达 92.77%，生态工程实施后的 10 年（2010 年），鄱阳湖水陆交错带高恢复力等级的面积占比最大，发展至 2020 年，研究区主要以中等恢复力水平和较高恢复力水平为主，两者面积之和占比为 89.62%。低恢复力等级和较低恢复力等级的面积占比均呈现出先下降后上升、总体减少的变化趋势，其面积占比分别减少 3.76%、84.28%；而中等恢复力水平与较高恢复力水平的面积则出现较大幅度的增加态势，面积占比共计增加 87.75%；研究期内，高恢复力等级的面积变化相对不大，但在 2010 年该值出现最高点。低恢复力等级和较低恢复力等级面积的减少以及中等恢复力水平和较高恢复力水平面积的持续增加，这表明鄱阳湖水陆交错带生态系统的恢复力水平较之前相比有所提升。

表 4-4 生态系统各层级恢复力面积及比例

等级	值域	2000 年		2010 年		2020 年	
		面积（公顷）	比例（%）	面积（公顷）	比例（%）	面积（公顷）	比例（%）
Ⅰ	0~0.40	27185.27	4.96	4110.68	0.75	6577.08	1.20
Ⅱ	0.40~0.60	508463.19	92.77	5316.47	0.97	46532.85	8.49
Ⅲ	0.60~0.70	8111.73	1.48	5645.33	1.03	307040.07	56.02
Ⅳ	0.70~0.80	2137.55	0.39	24225.58	4.42	184158.27	33.60
Ⅴ	0.80~1.00	2192.36	0.40	508792.04	92.83	3781.82	0.69

2. 生态系统恢复力空间格局演变

2000 年、2010 年和 2020 年鄱阳湖水陆交错带生态系统恢复力空间分布格局如图 4-3 所示。结果显示，研究区域生态系统恢复力在三个时间断面下的空间分布特征具有显著差异。2000 年，生态系统恢复力呈现出

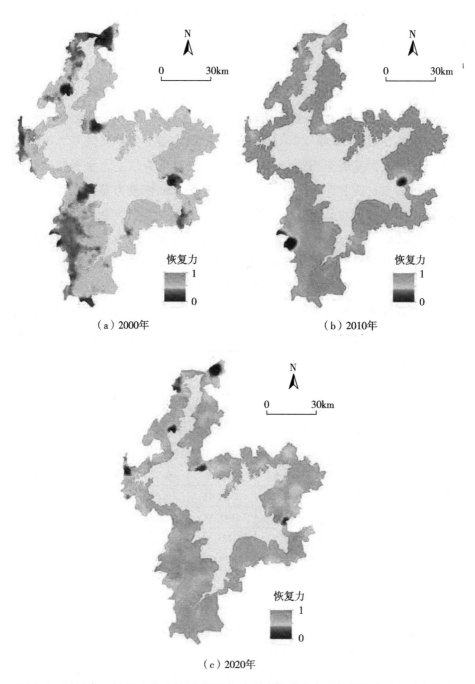

（a）2000年   （b）2010年

（c）2020年

图 4-3 2000 年、2010 年和 2020 年鄱阳湖水陆交错带生态系统恢复力空间分布格局

"东高西低"的空间分布格局，恢复力高值区主要聚集在庐山、茶山街道以及东北部、东南部地区，这些区域的景观类型以耕地和林地为主，其有利于维护系统整体生态功能的稳定性；而恢复力低值区则分布在以建设用地为主的西南和西北地区，且在靠近南昌市及九江市中心城区的区域出现块状集聚现象，另外还有少量散点状分布于都昌镇、鄱阳镇与白鹿镇等地区。2010年，随着一系列生态工程的实施与建设，鄱阳湖水陆交错带生态系统恢复力水平迅速提高，其高值区分布范围较广泛，以耕地、林地和水域等景观类型为主；恢复力低值区在鄱阳镇、虞家河乡以及靠近南昌市中心的区域分散分布。2020年，由于城镇基础设施建设、人口要素汇聚等功能提升，系统所受外部潜在风险增大，故区域整体恢复力水平逐渐降低，形成"南高北低"的空间分布特征，其恢复力高值区主要分布于庐山、东北部林区以及南部平原农耕区，而恢复力低值区则以散点状分布在凰村乡、马影镇、虞家河乡、白鹿镇、都昌镇和甘露镇等地区。

三、鄱阳湖水陆交错带生态系统综合韧性时空演变特征

（一）生态韧性时空格局演变综合分析

从时间变化上来看，2000~2020年鄱阳湖水陆交错带生态韧性指数先增后减，整体呈上升趋势。在退田还湖等生态工程实施初期（2000年）鄱阳湖水陆交错带生态韧性平均值为0.5235，生态工程实施后的10年（2010年）鄱阳湖水陆交错带的生态韧性指数升高明显，平均值为0.6231，但2020年生态韧性总体水平下降至0.5365。

为了深入分析2000~2020年鄱阳湖水陆交错带生态韧性水平的变化特

征，利用 ArcGIS10.8 软件中的自然断裂法将生态韧性划分为 5 个等级：低生态韧性区（0~0.45）、较低生态韧性区（0.45~0.60）、中等生态韧性区（0.60~0.67）、较高生态韧性区（0.67~0.75）和高生态韧性区（0.75~1.00），并计算得出生态系统韧性各等级面积占比（见图 4-4）。研究结果显示，2000~2020 年鄱阳湖水陆交错带生态系统韧性一直保持在中等水平和较高水平，且三个时间断面下的两者面积之和所占的比例均处

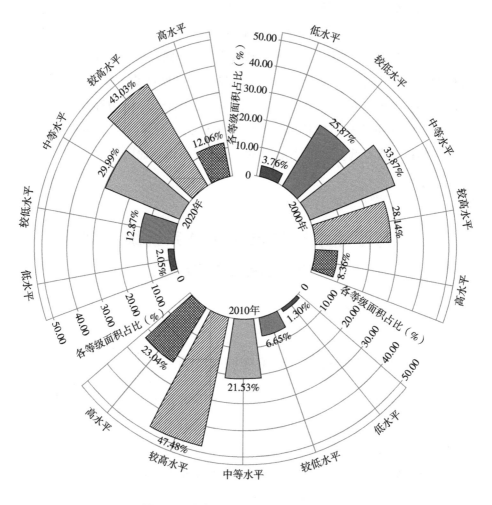

图 4-4　生态系统韧性各等级面积占比

于 60%以上，对研究区域生态韧性的整体水平有较为明显的影响。从各韧性等级来看，低生态韧性区的面积比例整体呈现出"V"型波动下降的变化趋势，面积占比仅减少了 1.71%，此韧性水平的面积占比及其变化规模均较小。较低生态韧性区的面积在 2000~2010 年出现了较大幅度的缩减态势，降幅达到 19.22%，2010~2020 年，较低生态韧性区的面积又逐渐回升，但其增幅小于前一阶段的下降规模，故 2020 年的面积占比较 2000 年相比减少了 13.00%。中等生态韧性区所占面积的比例主要表现为先下降后上升、总体减少的变化趋势，面积占比共计下降了 3.88%。而较高生态韧性区和高生态韧性区的面积比例均呈现出倒"V"型起伏上升的变化趋势，其中较高生态韧性区的面积增加较为显著，增幅达到 14.89%，高生态韧性区的面积占比则由 8.36%上升至 12.06%。总体来看，研究期间，中等、较高韧性水平长期占据主导地位，而低、较低韧性水平的面积占比不高，从而使得鄱阳湖水陆交错带生态系统韧性整体状况相对较好。

2000 年、2010 年和 2020 年鄱阳湖水陆交错带生态系统韧性的空间分布格局如图 4-5 所示。从空间演化上来看，2000 年，生态韧性整体表现出"东高西低"的空间分布特征，其中韧性低值区主要在研究区西北部和靠近南昌市中心城区的区域集中分布，这些地区作为城市未来开发建设的重点区域，其环境承载力在不断增强的人类活动强度下易逐步出现超载发展，从而容易导致生态系统走向失调或崩溃状态，故形成韧性低值区，同时在鄱阳镇、白沙洲乡及都昌镇也出现了小规模的低值集聚现象；生态韧性高值区则主要分布于庐山、东北部林区及南部平原农耕区，该区域景观类型的生态功能有利于缓解外部不确定性因素的干扰作用，所以生态系统韧性处于较高水平。2010 年，随着一系列生态恢复工程的落实，都昌镇、白沙洲乡以及研究区西北部的生态韧性水平有所提升，但是由于建设用地扩张、人口密度增多等现象的发生，靠近南昌市的区域和鄱阳镇的韧性低值区范围则出现向外围地区扩散的趋势。发展至 2020 年，生态系统韧性整体呈现出"南高北低"的空间分布格局，韧性低值区主要分布于研究区西部和北部、都昌镇、鄱阳镇、白沙洲乡以及靠近南昌市的区域，且这些

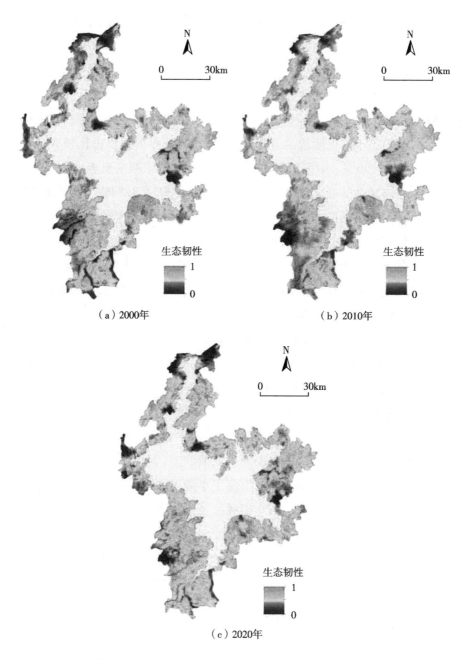

图 4-5 2000 年、2010 年和 2020 年鄱阳湖水陆交错带
基于"潜力—连通度—恢复力"的生态系统韧性空间分布格局

地区除靠近南昌市的区域的低值区范围出现缩减现象以外，其他地区的韧性低值区范围均表现为进一步向外扩散的态势，而韧性高值区在该三个时间断面下的空间分布格局具有相似性，其分布特征未出现较为明显的变化。

通过对鄱阳湖水陆交错带生态韧性各维度及综合韧性的空间分布格局比较分析（见图4-6），总体来看，2000年、2010年和2020年鄱阳湖水陆交错带生态韧性低值区经历了"小集聚大分散→大集聚小分散→整体分散"的空间演变格局，低值区主要在西部、北部及靠近南昌市的区域集中分布；庐山、东部林区以及南部平原农耕区得益于较高的生态潜力和恢复

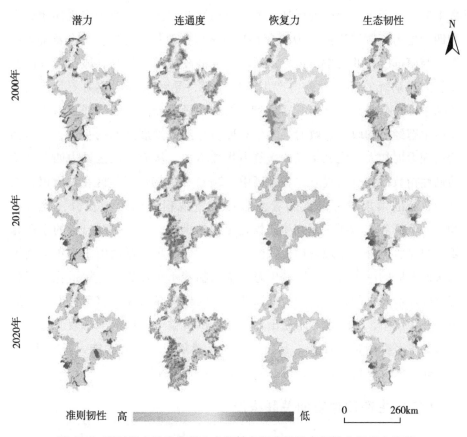

图 4-6 鄱阳湖水陆交错带生态韧性各维度及综合韧性空间分布格局

力，形成韧性高值区，这些区域人类活动强度较低及被丰富的植被覆盖，景观完整性保存较好，系统生态功能与结构相对稳定，从而导致韧性高值区始终集中在该区域。通过潜力、连通度和恢复力图层对比发现，综合韧性与这些维度之间的空间分布格局具有一定的继承性，也有一些显著变化，这一现象体现了鄱阳湖水陆交错带生态韧性时空演变的多样性、复杂性、综合性特征。

根据鄱阳湖水陆交错带生态韧性的空间分布特征，从乡镇尺度出发，选取韧性低值区（Ⅰ、Ⅱ、Ⅲ）和高值区（Ⅳ）共四个典型区域进行分析，如图4-7所示。在Ⅰ区中，2000年韧性低值区主要在白沙洲乡和鄱阳镇西南部出现连片发展现象，随着生态恢复工程的实施，白沙洲乡韧性指数上升，由于人口密度的增加，鄱阳镇韧性低值区覆盖范围出现向团林乡和四十里街扩散的趋势；2020年韧性低值区主要集中在白沙洲乡及鄱阳镇东部与南部。在Ⅱ区中，由于该区域的经济发展水平较高，城市范围的持续扩大对系统的环境承载力产生消极作用，导致区域适应力不足，故在2000~2010年昌东镇和麻丘镇的韧性指数明显下降；2020年该区域受益于发展生态经济的政策，政府寻求生态环境与经济发展之间的平衡，环境污染治理力度加大，区域系统的恢复力指数增加，从而使该区域内四个乡镇的韧性指数得到有效提升。在Ⅲ区中，2000年的韧性低值区在马影镇、双钟镇及新港镇集中分布，随着生态环境重视程度的不断提升，政府在2000~2010年出台了一系列生态恢复工程的措施，使得系统自身的生态修复能力显著提升，表现为韧性低值区覆盖范围缩小；然而由于近年来城镇化快速发展的巨大需求，区域生态系统面临着水土流失、土壤退化、污染排放等环境恶化问题，表现为低韧性水平区域向凰村乡和虞家河乡逐渐扩展。在Ⅳ区中，海会镇、东牯山林及温泉镇得益于庐山的生态效应，三个乡镇的生态空间整体性强，有利于发挥区域景观的生态功能，研究期间，韧性高值区范围持续扩大，生态韧性整体发展状况良好。

（二）生态韧性空间关联格局

为了便于深入分析鄱阳湖水陆交错带生态系统韧性的空间分异特征，本

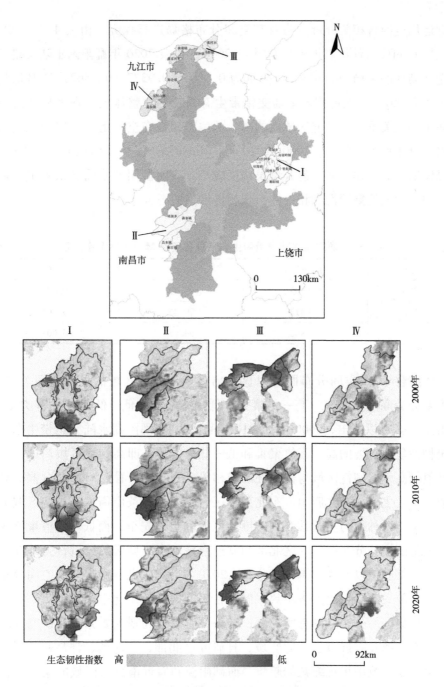

图 4-7　基于乡镇尺度的生态韧性区域化空间分布格局

章运用空间自相关分析方法对其空间分布格局进行探究。由表 4-5 可知，根据 GeoDa 软件计算得到 2000 年、2010 年以及 2020 年鄱阳湖水陆交错带生态韧性的全局 Moran's I 值分别为 0.8805、0.9377、0.8862，且 P 值均小于 0.001，说明鄱阳湖水陆交错带生态系统韧性整体上表现为显著的空间正相关关系，即研究区域内的高、低生态韧性在空间上存在较为稳定的集聚分布现象。同时，2000~2020 年，Moran's I 值呈现出先上升后下降、总体增长的变化趋势，但其增长幅度较小，表明鄱阳湖水陆交错带生态韧性在空间上的集聚性和相关性出现缓慢增强的态势。

表 4-5　鄱阳湖水陆交错带生态韧性各年份 Moran's I 统计值

年份	Moran's I	Z 值	P 值
2000	0.8805	93.33	<0.001
2010	0.9377	99.45	<0.001
2020	0.8862	94.05	<0.001

结合 LISA 空间分布图可以显示出区域与邻近区域的局部空间关系，主要分为高—高聚集、高—低聚集、低—高聚集和低—低聚集 4 种类型。由图 4-8 可以看出，2000 年、2010 年和 2020 年鄱阳湖水陆交错带生态系统韧性呈现显著的高—高值聚集和低—低值聚集，即高韧性区域周围的韧性值较高，低韧性区域与低韧性区域相邻。分时段来看，2000 年，高—高值聚集区主要分布在庐山、东北部林区、康山乡及茶山街道，这些区域的景观类型以林地为主，其有利于维护区域的生态安全；而低—低值聚集区主要呈团块状分布于研究区北部和靠近南昌市中心城区的区域，另外在白鹿镇、都昌镇以及鄱阳镇分散分布；2010 年，高—高值聚集区的空间分布格局较前一阶段相比大体一致，但是在研究区域的东北部林区地带，高—高值聚集区的分布范围有所扩散；低—低值聚集区则主要分布在研究区北部、鄱阳镇及靠近南昌市的区域，且研究区北部、白鹿镇、都昌镇的低—低值聚集区范围出现缩减的趋势，而鄱阳镇和靠近南昌市区域的集聚面积则逐渐增加，表明随着城市建设用地的扩张和人口密度的增加，区域生态

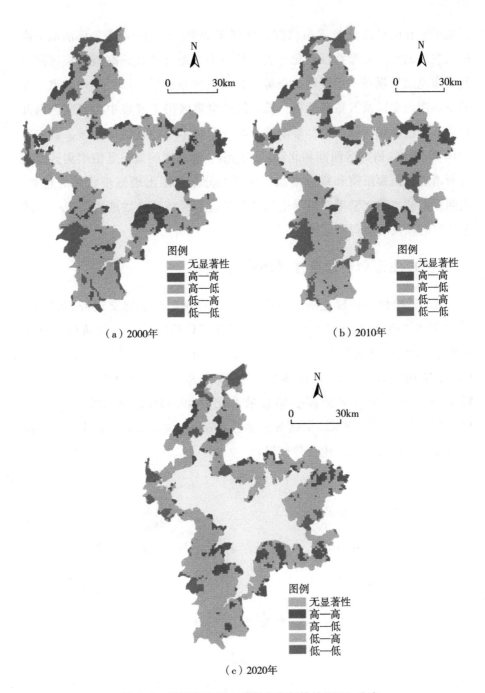

图4-8　鄱阳湖水陆交错带生态韧性的 LISA 分布

环境所面临的外部风险逐渐增强。发展至 2020 年，研究区北部的高—高值聚集区的空间分布特征变化不大，然而南部地区的高—高值聚集区的空间分布范围呈现进一步蔓延的态势，其主要分布在乐丰镇、饶州监狱、东塘乡、康山乡以及五星垦殖场；低—低值聚集区仍主要集中在研究区西部和北部、白鹿镇、都昌镇、鄱阳镇及靠近南昌市中心城区的区域，其中较 2010 年相比，研究区西部和北部、白鹿镇、都昌镇的低—低值聚集区面积有所增加，而鄱阳镇和靠近南昌市区域的分布范围出现逐步收缩的趋势，表明鄱阳湖水陆交错带对倡导生态文明建设和经济社会发展协调统一的政策体制的积极响应得到落实。

（三）生态韧性适应性循环阶段分析

基于适应性循环理论的定量研究[258]，对鄱阳湖水陆交错带 2000 年、2010 年和 2020 年的 85 个乡镇所处的韧性演化阶段进行空间落位（见图 4-9）。2000 年研究区各乡镇韧性演化处于开发（r）、保护（K）、释放（Ω）、重组（α）阶段的乡镇数量分别占 9.41%、20.00%、52.94%、17.65%，而 2020 年各阶段乡镇数量占比为 49.41%、28.24%、8.23%、14.12%，可见鄱阳湖水陆交错带大部分乡镇在 2000~2020 年经历了"释放→重组→开发"的演化交替过程。

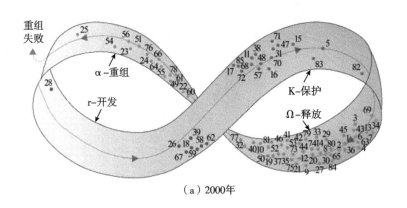

（a）2000年

图 4-9　鄱阳湖水陆交错带各乡镇系统适应性生态韧性循环阶段

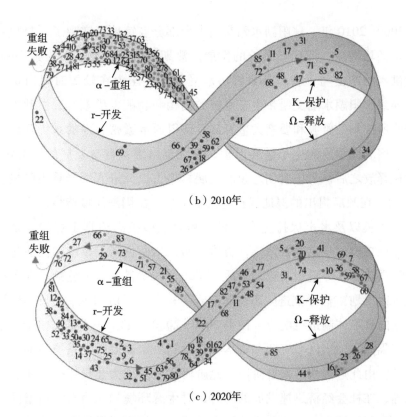

（b）2010年

（c）2020年

图 4-9　鄱阳湖水陆交错带各乡镇系统适应性生态韧性循环阶段（续图）

注：1 架桥镇、2 罗溪镇、3 七里乡、4 塔城乡、5 前坊镇、6 幽兰镇、7 麻丘镇、8 三里乡、9 塘南镇、10 乌泥镇、11 石口镇、12 乐丰镇、13 蒋巷镇、14 春桥乡、15 饶丰镇、16 联圩镇、17 康山乡、18 鄱阳镇、19 三角乡、20 铁河乡、21 九合乡、22 昌东镇、23 团林乡、24 昌邑乡、25 双港镇、26 姑塘镇、27 东塘乡、28 大沙镇、29 周溪镇、30 西源乡、31 和合乡、32 珠湖乡、33 万户镇、34 都昌镇、35 芗溪乡、36 大树乡、37 南峰镇、38 游城乡、39 甘露镇、40 阳峰乡、41 北山乡、42 狮山乡、43 蓼南乡、44 柘港乡、45 星子镇、46 左里镇、47 多宝乡、48 温泉镇、49 白鹿镇、50 瑞洪镇、51 流芳乡、52 苏山乡、53 舜德乡、54 海会镇、55 威家镇、56 城山镇、57 泾口乡、58 新港镇、59 双钟镇、60 马影镇、61 凰村乡、62 南康镇、63 蛟塘镇、64 江益镇、65 南新乡、66 三阳集乡、67 虞家河乡、68 东牯山林、69 白沙洲乡、70 银宝湖、71 苏家垱乡、72 鸦鹊湖、73 高家岭镇、74 茶山街道、75 三汊港镇、76 饶州监狱、77 沙湖山管理处、78 云山企业集团、79 恒丰企业集团、80 四十里街、81 五星垦殖场、82 朱港实业有限公司、83 成新实业有限公司、84 恒湖垦殖场、85 康山垦总场。

2000~2010 年，鄱阳湖水陆交错带大部分乡镇地区实现了"释放→重组"的阶段转变，即区域系统的发展过渡期。由于研究区域受到 1998 年特大洪水的冲击与干扰，其系统所承受的外界压力在较短时间内迅速增加，导致鄱阳湖水陆交错带生态系统的结构和功能发生紊乱，由此引发了系统将所控制的资源和要素大量释放，使得原本紧密有序的系统开始变得混乱无序。此阶段为生态破坏严重、系统难以维系自身发展的极端情况。在快速释放之后，系统会创造新的发展机遇，以此进入缓慢重组阶段。这 10 年间，在政府提出的湿地保护与恢复工程、鄱阳湖流域造林绿化"一大四小"工程以及水土保持生态建设工程等众多生态治理工程的实施背景下，系统功能逐步重组并恢复，资源开始积累并创新，系统韧性演化呈现新的发展趋势，即重组阶段。随后，2009 年国务院批准实施的《鄱阳湖生态经济区规划》倡导推进生态文明与经济社会发展协调统一，研究区域开始对新的政策体制进行响应，使得 2010~2020 年鄱阳湖水陆交错带开始以生长积累为主，当区域资源和资本积累达到一定高度时，系统内部潜能开始增长，由此进入快速发展阶段。此阶段主要表现为建设用地扩张、人群集聚等，在社会经济迅速发展的同时，对生态环境的压力与胁迫增强，城市用地不断压缩生态空间，导致社会经济发展与生态保护之间的矛盾与日俱增。

通过对 2000 年、2010 年和 2020 年各乡镇韧性演化阶段的落位分析，预测 2020 年以后鄱阳湖水陆交错带大部分乡镇的适应性生态韧性将经历"开发→保护"的演化迁移。在此演化阶段内，系统潜力增速放缓、连通度持续增加、恢复力持续降低，快速发展的城镇化是该阶段演化的重要驱动因素，如何打破固有局面实现区域新增长是该阶段各乡镇生态系统可持续发展的关键问题。而对于已处在保护阶段的乡镇，在发展社会经济的同时，要努力提高公众的环境保护意识，积极实现社会经济发展和生态环境保护之间的动态平衡。另外，应采取相应的措施延缓研究区内各个乡镇向释放阶段发展的过程。

第五章
鄱阳湖水陆交错带生态韧性影响因素及优化策略研究

　　区域生态韧性演化是自然本底及社会经济要素长期交互作用的结果，其影响因子在不同的人地关系阶段必然存在显著差异。本章从自然和社会经济双重视角出发，选取植被净初级生产力、年总降水量等自然因子，人口密度、生产总值和土地开发强度等社会经济因子，以 85 个乡镇为研究单元，运用地理加权回归模型（GWR）对 2000 年、2010 年和 2020 年三个时间断面下的鄱阳湖水陆交错带生态韧性进行单因素影响的空间异质性分析，探讨在不同时期影响区域内不同乡镇生态韧性发展的主导因素，这对于指导区域应对风险危机、构建韧性发展环境具有科学意义。同时，在明确鄱阳湖水陆交错带土地利用与景观格局的动态变化、生态韧性的时空演化规律以及各时期内不同影响因子的空间异质性特征的基础上，寻求人地关系调节的阈值，并基于山水林田湖草生命共同体理念和乡村振兴的背景下，提出研究区域整体生态韧性以及不同类型乡镇生态韧性的优化提升策略，有利于推动形成具有地域特色且可持续发展的水陆相生态系统，从而保证生态、生产和生活空间的和谐统一。

一、影响因素选取及检验

(一) 影响因素选取

区域生态系统韧性是自然、社会和经济等诸多因素共同作用影响的结果，基于生态韧性内涵以及鄱阳湖水陆交错带生态系统本底的发展特点，同时借鉴陶洁怡等[222]、Hai 等[259] 的研究，选取植被净初级生产力、年总降水量、人口密度、生产总值和土地开发强度作为解释变量，探究这 5 个变量因子对鄱阳湖水陆交错带生态韧性的空间异质性影响程度。变量的选取及说明如下：

植被净初级生产力（NPP）是指绿色植物在单位时间和单位面积上由光合作用积累的有机物质减去呼吸作用后剩余的部分，能够反映植被在自然环境下的生产能力和健康状况[260]，可用来衡量区域生态系统的稳定性和可持续性[261]。一般来说，植被净初级生产力高的地区通常植被生长旺盛，人类活动的干预有限，生态环境的自然属性较强，在应对外部扰动和威胁时具有较高的适应能力和恢复能力，有利于生态韧性的提升。

年总降水量（PRE）作为衡量气候变化的关键指标，近年来受全球气候异常变化的影响，导致不同地区的水资源空间分布不均以及极端天气事件频发，严重影响区域生态系统和人类社会发展[262]。同时，由于降水量的时空差异和植被的空间分布格局、生长发育情况等之间存在着复杂的相互作用机制，且植被作为重要的生态因子[263]，会进一步对区域生态系统韧性的未来发展态势产生深远影响。

人口密度（POP）是指单位土地面积上的人口数量，随着地区城镇化进程的不断加快，人口与资源、环境之间的竞争与日俱增。一般而言，规划合理的人口集聚对生态系统韧性水平的提升具有正向影响，这是因为人口密度的增加会带来良好的经济效应，促使人们加大对环境治理的投入成本；但过度的人口集聚则会导致区域环境承载力不足，人地关系矛盾将会更加突出，进一步对生态韧性的提升产生显著的抑制作用。

生产总值（GDP）是衡量一个国家或者地区经济发展水平最重要的总量因子，一个地区的经济基础是决定区域生态韧性发展的关键因素，原因是经济发展水平越高，其能够支撑生态系统韧性的经济补给越充分，对区域韧性水平提升的助力就越大[264]。同时，随着经济发展水平的不断提升，区域的经济发展模式会随之改变，并且人们的生态环境保护意识也在逐渐增强，对生态韧性的负面影响将会呈现出减弱的发展趋势。

土地开发强度（LDI）通常被定义为不透水面占区域土地总面积的比例，是表征土地开发模式的重要指标。一般来说，作为人类活动的具体外在表现形式，土地利用程度可以反映出区域生态系统的健康状况[265]，而人类对土地开发的强度与区域生态系统的稳定性紧密相关，主要表现为人类活动强度越大，对生态系统结构与功能的扰动与胁迫也越严重，进而影响生态系统韧性的综合水平。

（二）模型可信度分析

为了避免所选取的影响因素之间存在较高的相关性从而导致 GWR 模型的结果出现偏差，本章借助 SPSS25.0 软件对三个时间断面下所选取的变量因子进行了多重共线性检验，结果显示在研究期内各变量的 VIF 均小于 10，说明所选取的影响因素之间不存在多重共线性，变量因子选取合理。同时，为了证明 GWR 模型的可靠性，对具有相同变量的 OLS 回归模型和 GWR 模型进行了对比分析。结果表明，在 2000 年、2010 年和 2020年三个时间断面下，OLS 回归模型的 R^2 分别为 0.352、0.236、0.627，而 GWR 模型的 R^2 则分别达到了 0.610、0.815 和 0.744，且 GWR 模型的 AICc 值均小于 OLS 模型，说明 GWR 模型的拟合度明显优于 OLS 回归模型，其对于自变量的分析效果显著提升。因此 GWR 模型相对于 OLS 模型更具有真实性和有效性，模型选择合理。

二、单因素对鄱阳湖水陆交错带生态韧性的影响

（一）植被净初级生产力对生态韧性的影响

将 GWR 模型计算得到的回归系数在 ArcGIS10.8 软件中进行可视化表达，2000 年、2010 年和 2020 年植被净初级生产力对鄱阳湖水陆交错带生态韧性的 GWR 回归系数空间分布如图 5-1 所示。

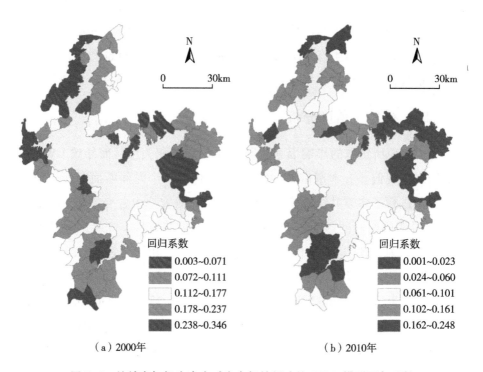

（a）2000年　　　　　　　　　　（b）2010年

图 5-1　植被净初级生产力对生态韧性影响的 GWR 模型回归系数

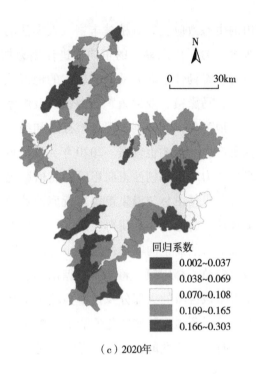

（c）2020年

图 5-1　植被净初级生产力对生态韧性影响的 GWR 模型回归系数（续图）

植被净初级生产力的回归系数在 2000 年、2010 年以及 2020 年的中位数分别为 0.147、0.082、0.090，表明研究期内各乡镇植被净初级生产力对生态韧性具有明显的正向驱动作用，即植被净初级生产力的提高会促进区域生态韧性水平的提升，且各时期的回归系数均值分别为 0.151、0.081 和 0.100，其正向影响的显著性在时间序列上表现为先减后增、总体减弱的趋势。

2000 年，植被净初级生产力对生态韧性产生正向影响的显著程度在空间分布上整体呈现出"南低北高"的特点，其中正向作用的高值区主要集中在研究区西北部，包括新港镇、虞家河乡、威家镇、海会镇、白鹿镇、温泉镇、南康镇、甘露镇及江益镇等乡镇，而低值区则分布在恒湖垦殖场、泾口乡、双港镇、白沙洲乡、鄱阳镇和周溪镇等地区，这是由于西北部地区得益于庐山的生态效应，区域植被丰富、人类活动干扰较少，故该片区的植被净初级生产力对生态韧性的正向促进作用愈加显著。2010 年，植被净初级生产力对生态韧性正向驱动影响较大的地区位于游城乡、柘港乡、大树乡、凰村乡、马影镇、双钟镇、新港镇以及虞家河乡，这些乡镇的景观类型主要以林地为主，其有利于促进植被净初级生产力的提高，从而对区域生态韧性所产生的影响也较强。2020 年，随着城镇化进程的不断加快，植被净初级生产力对生态韧性正向影响的高值区仍主要分布于海会镇、白鹿镇、南康镇、东牯山林与温泉镇等靠近庐山的地区，该区域植被丰富度高并且人类扰动与胁迫较小，使得在研究期内植被净初级生产力对生态韧性的影响力最高，然而正向驱动作用较小的地区则逐渐向研究区南部扩张，主要包括双港镇、鄱阳镇、蒋巷镇、塘南镇、幽兰镇、塔城乡和东塘乡等，主要原因是该区域的大部分乡镇作为城市未来发展的重点拓展区，人类对自然本底的干预强度随城镇化发展的不断深入而持续增强，导致植被净初级生产力对生态韧性的正向影响程度呈现出逐年削弱的态势。

（二）年总降水量对生态韧性的影响

将 GWR 模型计算得到的回归系数在 ArcGIS10.8 软件中进行可视化表达，2000 年、2010 年和 2020 年的年总降水量对鄱阳湖水陆交错带生态韧性的 GWR 回归系数空间分布如图 5-2 所示。

2000~2020 年，年总降水量对鄱阳湖水陆交错带生态韧性影响的 GWR 回归系数的中位数分别为 0.006、0.012 和 -0.002，且其均值分别为 0.008、0.011、-0.008，由此可知年总降水量对生态韧性的影响在前 10 年主要表现为正向推动作用，而在后 10 年年总降水量与生态韧性的关系由正相关转变为负相关，即年总降水量的增多会对区域生态韧性水平的提升产生抑制作用。

由图 5-2 可知，在 GWR 回归系数的空间分布上，2000 年，年总降水量对鄱阳湖水陆交错带生态韧性的正向影响力较大的区域主要聚集在研究区北部，包括新港镇、凰村乡、马影镇、双钟镇以及城山镇，这些地区的

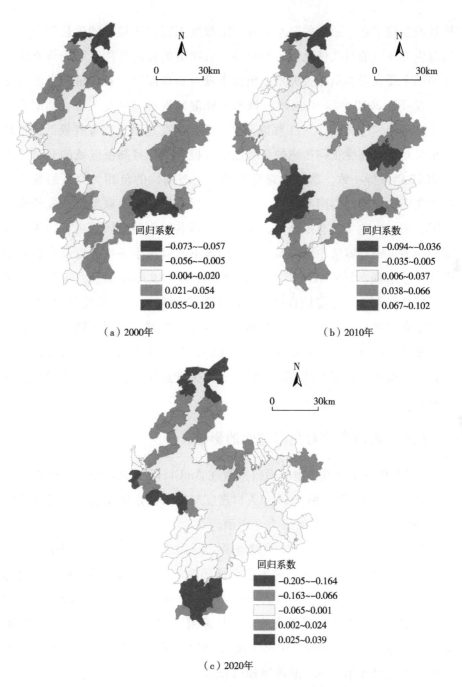

（a）2000年　　　　　　　　　　　　　（b）2010年

（c）2020年

图5-2　年总降水量对生态韧性影响的GWR模型回归系数

植被覆盖较丰富，适宜的降水会在一定程度上有利于植被的生长发育，从而对生态环境的自我恢复能力的提高具有明显的促进作用，而在研究区东南部则主要表现为负相关关系，包括东塘乡、乌泥镇、石口镇和康山垦总场。发展至 2010 年，在这 10 年政府实施湿地保护与恢复工程、鄱阳湖流域造林绿化"一大四小"工程以及水土保持生态建设工程等背景下，年总降水量对生态韧性正向影响的显著性稍有提升，并且高值区域的分布范围与 2000 年保持一致，然而年总降水量与生态韧性的负相关关系的聚集区域由东南部逐渐向西南部转移，主要包括恒湖垦殖场、联圩镇、成新实业有限公司、朱港实业有限公司、南新乡、蒋巷镇和昌东镇，由于这些乡镇邻近南昌市中心城区，随着城市建设用地不断侵占生态空间以及人类活动干扰持续增强，导致区域降水量的增多容易造成环境承载力不足。2020年，年总降水量对生态韧性产生正向驱动作用较大的区域较 2010 年相比增加了虞家河乡、威家镇、姑塘镇、幽兰镇、塔城乡、罗溪镇、前坊镇与三阳集乡，但是年总降水量对生态韧性的负向驱动影响则呈现出增强的趋势，且主要集中在研究区西部，包括云山企业集团、三角乡、铁河乡和昌邑乡。

（三）人口密度对生态韧性的影响

将 GWR 模型计算得到的回归系数在 ArcGIS10.8 软件中进行可视化表达，2000 年、2010 年和 2020 年人口密度对鄱阳湖水陆交错带生态韧性的 GWR 回归系数空间分布如图 5-3 所示。

由图 5-3 可知，人口密度因素的回归系数在鄱阳湖水陆交错带各乡镇几乎都为负值，且人口密度对生态韧性影响的 GWR 回归系数在各时期的中位数分别为-0.213、-0.210、-0.211，表明研究区域人口密度的增加将引起生态韧性水平的显著下降。总体来看，2000~2020 年 GWR 回归系数的均值分别为-0.280、-0.396 和-0.309，其负向影响的显著性在时间变化上表现出先增后减、总体增强的态势。

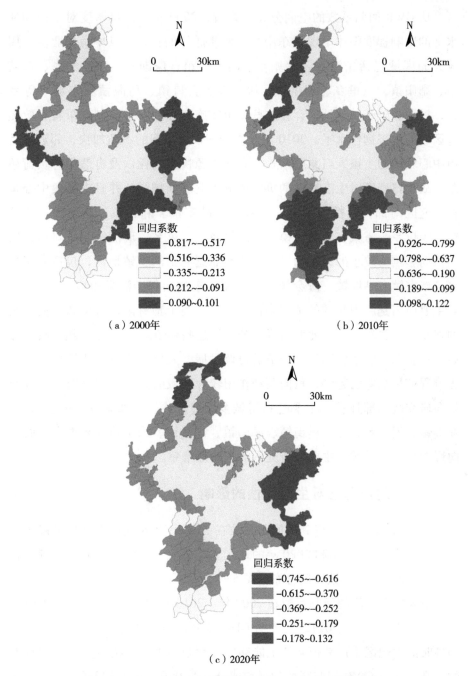

（a）2000年

（b）2010年

（c）2020年

图5-3　人口密度对生态韧性影响的 GWR 模型回归系数

从 GWR 回归系数的空间分布上来看，2000 年，人口密度对生态韧性水平的影响程度整体呈现"东南高、西北低"的特征，其中负向驱动作用较大的区域包括柘港乡、游城乡、高家岭镇、珠湖乡、白沙洲乡、双港镇、鄱阳镇、三里乡、瑞洪镇、康山乡、石口镇、乌泥镇和东塘乡等乡镇，说明相较于其他地区，在这些乡镇实施合理的人口控制政策将有效提升区域的生态韧性水平。2010 年，由于城镇化进程的不断加快，邻近南昌市中心城区的乡镇人口急剧增长，导致资源快速消耗以及自然生态负荷超载，故人口密度对生态韧性的负向影响程度逐渐增强，并且主要集中分布在研究区南部，包括南新乡、蒋巷镇、昌东镇、麻丘镇、塘南镇、幽兰镇、泾口乡、塔城乡、前坊镇、三阳集乡、三里乡、瑞洪镇与石口镇，然而负向影响力较小的区域则主要聚集在靠近庐山的乡镇地区，包括虞家河乡、威家镇、姑塘镇、海会镇、白鹿镇、东牯山林、温泉镇以及星子镇，其主要原因是庐山片区的植被丰富度高，人类干预有限，对生态环境本底的扰动与威胁较小，因此低值区多分布于这些乡镇。2020 年，随着政府开始寻求生态文明建设和社会经济的协调发展，人口密度对生态韧性的负向影响程度呈减弱的趋势，负向驱动作用较大区域的分布范围逐渐缩小且开始向研究区东部迁移，主要包括游城乡、高家岭镇、珠湖乡、白沙洲乡、双港镇、团林乡、四十里街镇、鄱阳镇、饶丰镇、乐丰镇和东塘乡，而负向影响最小的区域仍主要在研究区的东北部聚集。

（四）生产总值对生态韧性的影响

将 GWR 模型计算得到的回归系数在 ArcGIS10.8 软件中进行可视化表达，2000 年、2010 年和 2020 年的地区生产总值对鄱阳湖水陆交错带生态韧性的 GWR 回归系数空间分布如图 5-4 所示。

地区生产总值的回归系数在 2000 年、2010 年以及 2020 年的中位数分别为 0.051、0.082、0.126，表明 GDP 对生态韧性具有显著的正向影响，即各时期内地区生产总值整体上能够促进鄱阳湖水陆交错带生态韧性水平的提升，并且 GWR 回归系数的平均值分别为 0.079、0.132 和 0.166，说

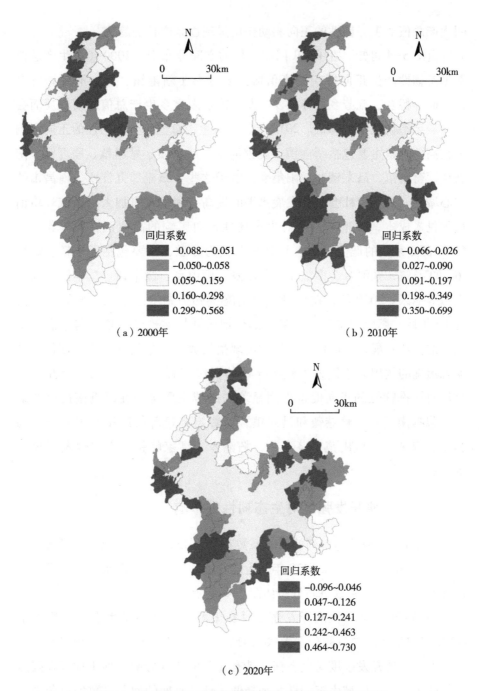

（a）2000年　　　　　　　　　　（b）2010年

（c）2020年

图 5-4　生产总值对生态韧性影响的 GWR 模型回归系数

明生产总值对生态韧性的正向驱动作用呈现逐年增长的趋势。

由图5-4可知，在GWR回归系数的空间分布上，2000年，生产总值对生态韧性产生正向影响的高值区主要分布于新港镇、虞家河乡和海会镇，而春桥乡、流芳乡、苏山乡、左里镇及多宝乡生产总值的增加反而会使区域生态韧性指数降低。2010年，地区生产总值对生态韧性的正向影响力较高的乡镇主要包括新港镇、虞家河乡、威家镇、姑塘镇、联圩镇、南新乡、蒋巷镇、昌东镇和三阳集乡，由于这些乡镇毗邻九江市、南昌市的中心城区，其城市社会经济发展水平的提高有利于政府加大对区域环境治理的投入成本，故生产总值对生态韧性正向影响的高值区在此聚集，而GWR回归系数的低值区在空间分布上较为分散，主要包括星子镇、蛟塘镇、江益镇、铁河乡、多宝乡、北山乡、狮山乡、饶丰镇、乐丰镇以及瑞洪镇等地区。2020年，在政府着力实施《鄱阳湖生态经济区规划》方案的10年后，鄱阳湖水陆交错带大部分地区开始实现经济增长与生态文明建设的协调发展，其经济发展模式出现由粗放式向集约式转变，使得区域生态治理的效用大于因发展经济导致的资源消耗和环境污染，因此生产总值对生态韧性的正向促进作用显著的区域主要集中在靠近南昌市的地区，包括南新乡、蒋巷镇和昌东镇，而影响不显著的区域则主要位于马影镇、双钟镇、城山镇、芗溪乡、柘港乡、高家岭镇、石口镇及三里乡等地区。

（五）土地开发强度对生态韧性的影响

将GWR模型计算得到的回归系数在ArcGIS10.8软件中进行可视化表达，2000年、2010年和2020年的土地开发强度对鄱阳湖水陆交错带生态韧性的GWR回归系数空间分布如图5-5所示。

2000~2020年，土地开发强度对鄱阳湖水陆交错带生态韧性影响的GWR回归系数的中位数分别为-0.241、-0.435和-0.432，由此可知，在研究期间土地开发强度对生态韧性具有显著的负向影响，即土地开发强度指数的提高会使区域生态韧性水平降低，且各时期的回归系数均值分别为

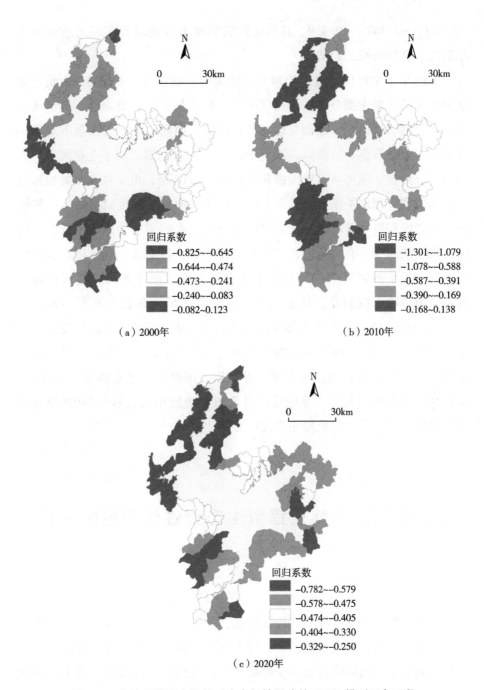

（a）2000年　　　　　　　（b）2010年

（c）2020年

图 5-5　土地开发强度指数对生态韧性影响的 GWR 模型回归系数

−0.268、−0.467、−0.439，其负向影响的显著性在时间序列上表现为先增后减、整体增强的趋势。

从图5-5中可以看出，2000年，土地开发强度对生态韧性产生负向影响力较高的区域主要分布在研究区南部，包括昌东镇、塘南镇、五星垦殖场、瑞洪镇、康山乡、康山垦总场及石口镇，而两者之间的关系不显著的区域位于茶山街道、甘露镇、江益镇、云山企业集团、恒丰企业集团、九合乡、三角乡、铁河乡、罗溪镇和七里乡。2010年，由于城镇化的快速发展，城市建设用地不断压缩生态空间，导致土地开发强度对区域生态韧性的负向影响程度明显增强，其高值区主要聚集在毗邻省会城市附近，包括联圩镇、成新实业有限公司、南新乡、蒋巷镇、昌东镇、麻丘镇以及塘南镇，影响较小的区域则主要分布于研究区北部，该片区因其植被覆盖度高，人类活动干扰较小，故土地开发强度对区域生态韧性水平的影响不大。2020年，随着研究区大部分地区开始发展生态经济，土地开发强度对生态韧性产生负向影响力较高的区域在空间分布上较为分散，主要包括蒋巷镇、昌东镇、麻丘镇、乐丰镇、鄱阳镇、团林乡、苏家垱乡、三角乡、凰村乡、马影镇和九合乡等地区，而负向影响较小的区域与2010年相比几乎保持一致，仍主要聚集在研究区北部。

三、鄱阳湖水陆交错带生态韧性优化策略分析

基于本章的研究结论，发现鄱阳湖水陆交错带生态韧性整体水平良好，但韧性水平的空间异质性特征明显，并且自然及社会经济双重视角下的各解释变量对区域内乡镇的影响程度存在着显著的差异性。据此，从山水林田湖草生命共同体理念和乡村振兴的背景出发，提出鄱阳湖水陆交错带生态韧性优化提升的对策与建议。

（一）加强湿地植被的保护和恢复工作

坚持以养护、保护和自然恢复方式为主，着力提高鄱阳湖水陆交错带的植被覆盖率，增强区域自然生态系统的稳定性和多样性；严守耕地保护红线，开展土地整治工作，推进高标准农田建设，加强土地复垦利用；加大对区域生态系统保护和修复工程的投入，实施退耕还林、还湖、还湿以及还草等举措。

（二）实施区域生态环境治理分区管理模式

明确鄱阳湖水陆交错带的核心生态区，如山地、林地、重要风景名胜区以及自然湿地等，严格控制该类土地的开发，加强生态用地的数量和质量建设，促进人类系统与自然生态系统之间的协调发展，确保生态安全；对于城市未来拓展的重点区域，应进行合理的产业布局，大力营造绿色空间和生态廊道，提高地区整体防范化解风险的能力，避免因短时间内过度集中而造成生态韧性下降。

（三）打造生态旅游示范区，推动乡村振兴与生态保护相结合

充分利用生态治理的改革成果，通过提升当地居民的参与能力、生态旅游产品创新以及旅游服务基础设施升级等措施，促进区域的生态优势更好地转化为发展优势；制定鄱阳湖水陆交错带的生态保护与发展规划，将生态保护纳入区域发展的整体布局当中，加快资源节约型、环境友好型发展格局，实现地方经济和生态安全协调增长。

（四）加强科技创新，强化生态监测预警体系

引入先进的生态科技手段，如遥感技术、生态模型等，实现对鄱阳湖水陆交错带生态系统的智能监测和精准管理，做到及时预警并采取措施应对外界生态风险，努力将突发灾害事故对生态韧性的急性冲击降低至最小；建立湖泊生态数据共享平台，促进科研机构、政府部门和社会公众之

间的信息共享与合作，提升地区生态环境保护和管理的科学性和有效性。

（五）制定相应政策法规，加强跨区域协同治理机制

完善相关生态环境保护法律法规，明确责任主体和保护目标，推进生态文明建设应以生态韧性理念为基础，以保障生态福祉为宗旨；建立生态补偿机制，激励各方共同参与地区生态环境保护与修复工作，促进鄱阳湖水陆交错带周边各级政府之间的协调配合，构建统一的生态保护和管理体系，形成区域生态保护和管理的合力，确保政策实施的落地性。

第六章

采砂活动影响下鄱阳湖水陆
交错带景观格局的演变

一、数据来源与方法

(一) 水文站数据及其他数据收集

星子水文站是鄱阳湖标志性水文站, 水位监测历史悠久, 连续性极强, 能够科学合理地表征鄱阳湖水位变化, 研究中所利用的 1956~2018 年水位数据来自江西省水文局的星子水文站的逐日水位数据, 水位数据统一采用黄海高程。根据其他学者的相关研究, 鄱阳湖星子水位低于 9.49 米属于低水位, 高于 15.99 米属于高水位[266], 其中低于 7 米属于鄱阳湖的极低水位。

2003~2019 年鄱阳湖流域五河代表水文站 (外洲水文站、李家渡水文站、梅港水文站、虎山水文站和万家埠水文站) 和湖口水文站的年径流量及输沙量数据来自《长江泥沙公报》, 水文站地理坐标和分布位置如表 6-1 和图 6-1 所示。通过阅读其他文献, 获取 1998 年、2010 年和 2020 年的鄱阳湖自北向南断面最低点及湖底平均高程[120], 并且获取 1993~2020 年

表 6-1　鄱阳湖流域五河代表水文站地理坐标

水文站点名称	站点坐标		对应河流
	经度	纬度	
万家埠	115°39′E	28°51′N	修水
外洲	115°50′E	28°38′N	赣江
李家渡	116°10′E	28°13′N	抚河
梅港	116°49′E	28°26′N	信江
虎山	117°16′E	28°55′N	饶河

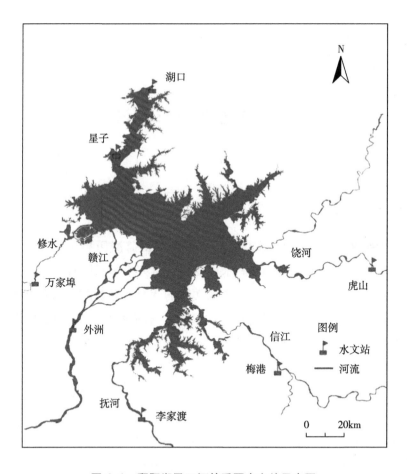

图 6-1　鄱阳湖及五河的重要水文站示意图

的鄱阳湖不同水位下的淹水面积，其中包括深水与浅水面积[267]。此外，利用 GetData 2.26 软件获取了 1956~2019 年鄱阳湖流域五河代表水文站和湖口水文站的输沙量作为数据补充。

（二）遥感数据与处理

Landsat ETM/OLI 系列遥感影像数据来自美国地质调查局官网（http：//glovis. usgs. gov/）和地理空间数据云（http：//www. gs. cloud. cn/sources）。为了科学地提取鄱阳湖水陆交错带的范围和景观类型，统一采用日期为星子水位 6.2 米的遥感影像，并且挑选出云量较小的遥感影像数据，最终获取 2003 年、2007 年、2009 年、2010 年、2013 年、2015 年和 2017 年 7 期遥感影像数据，如表 6-2 所示，其中 2003 年的遥感影像中少部分区域有厚云遮挡，通过选取相近时间和水位的遥感影像对这些区域进行后期校正。本书选取相近星子水位 6.2 米（黄海高程）的遥感影像，因为该水位值是鄱阳湖极低水位，鄱阳湖湿地洲滩大面积裸露，并且能较好地区分开水体、湿地滩涂、沙地和耕地等景观，有利于遥感信息的提取。

表 6-2　本书所使用的 Landsat ETM/OLI 遥感影像情况

成像日期	传感器类型	条代号	行编号
2003 年 12 月 5 日	ETM+	121	40
2007 年 11 月 30 日	ETM+	121	40
2009 年 12 月 21 日	ETM+	121	40
2010 年 12 月 8 日	ETM+	121	40
2013 年 11 月 6 日	OLI	121	40
2015 年 1 月 4 日	ETM+	121	40
2017 年 2 月 6 日	ETM+	121	40

对遥感影像进行筛选后，利用 ENVI 5.2 软件进行处理，经过辐射定标和大气校正后，按照研究区域的矢量边界对遥感影像进行裁剪。在 EN-VI 5.2 软件平台中使用 ROI Tool 工具，结合鄱阳湖实际情况，建立多种训

练样本，将研究区域划分为 5 种景观类型，如表 6-3 所示。随后，利用
Computer ROI Separability 工具计算不同景观训练样本之间的分离度，通过
合并分类度小于 1.4 的类型模块，采用最大似然法对遥感影像进行监督分
类，在分类过程中不断修正和增加训练样本，以获得较为理想的分类结
果，将处理好的 5 种景观类型进行合并，之后使用软件的主要分析（Ma-
jority Analysis）处理方法对小斑块进行处理，将分类的图像导出为栅格图。

表 6-3　鄱阳湖景观分类体系及解译标志

景观类型	含义	影像色彩
草洲	呈鲜红色，色调较为均匀，内部结构单一，边界比较清晰	
滩涂	呈灰白色或浅灰色，纹理较为粗糙，一般沿水域呈带状分布，多分布在水域周围，是水域与草滩的过渡地带	
水域	呈蓝色或青蓝色，色调均一，分布集中，连续性强，边界清晰	

续表

景观类型	含义	影像色彩
沙地	呈现亮白色，影像结构单一，纹理粗糙，主要分布在松门山以北的沙山和入江通道一带	
农田	呈黑色或暗黄色，有较明显的网格结构，边界呈规则的长方形，分布比较集中	

　　由于最大似然法是根据影像的光谱特征进行的聚类分析，容易出现漏分和错分等问题。因此，需要利用阈值法进行补充分类，本章采用归一化植被指数和新型水体指数辅助提取草滩和水体，使得最大似然分类的准确性提高。最后，将分类结果在 ArcGIS 10.2 软件平台进行后期的检查和校正，采用的是目视解译方法，以确保最终分类结果的准确性和科学性。

（三）研究方法

1. 遥感分析方法

　　（1）遥感指数法。3S 技术（RS、GIS、GPS）作为景观生态学研究的常用和可靠方法，逐渐发展为景观生态学的特征之一[268]，并且结合传感器、计算机和空间技术等是对地理信息进行采集、处理、分析、表达和应用的重要工具[269]。遥感技术在景观生态学的研究发挥着重要的作用，经常用于城市、流域、森林、湖泊、湿地以及耕地进行动态监测和评估，主要使用遥感影像对遥感信息进行提取和分析。

归一化植被指数（Normalized Difference Vegetation Index，NDVI）是常见的植被状况表征的指标，这与生物量、植被覆被情况、叶面积指数和土地利用等有着密切的关系，植被覆被的变化是自然环境和人类活动相互作用的结果[270-271]。NDVI 的计算公式如下：

$$NDVI = \frac{NIR - Red}{NIR + Red} \tag{6-1}$$

式中：NIR 和 Red 分别代表近红外波段和红外波段。

新型水体指数（New Water Index，NWI）是在水体及其背景地物进行光谱特征分析的基础上，结合水体在近红外和中红外波段同时具有强吸收的典型特征，是一种具有很强的普适性，可用于快速提取水体信息，提取鄱阳湖水陆交错带岸线边界，而且具有很高精度的水体指数[272]。NWI 的计算公式如下：

$$NWI = \frac{Band1 - (Band4 + Band5 + Band7)}{Band1 + (Band4 + Band5 + Band7)} \times 100 \tag{6-2}$$

式中：$Band1$、$Band4$、$Band5$、$Band7$ 分别代表的是 Landsat ETM/OLI 影像的第 1、第 4、第 5、第 7 波段的亮度值。

（2）采砂船遥感提取。学者对鄱阳湖采砂船的提取一般采用遥感影像进行判别，部分学者采用夜间灯光数据进行判别[273]，虽然通过夜间灯光数据可以提取采砂作业区，但由于精度问题难以识别整体采砂船数量和空间分布情况。鄱阳湖的采砂作业区主要为大型抽砂泵式采砂船和运砂船，其长度约为 90 米，宽度约为 30 米[274]，虽然在 30 米空间分辨率的 Landsat 系列卫星遥感难以区分两者，但能够有效过滤掉小型渔船，在识别采砂作业的船只具有明显的优势[50]。因此，本书对采砂船和运沙船不作区分，统一称为采砂船。由于采砂活动过程中，挖沙和洗沙等生产行为会导致作业区的水体浑浊度明显升高，通过调整 Landsat 卫星遥感影像波段为 5、4、1 的 RGB 彩色合成图可以有效确定浑浊水体范围，并且利用中红外波段的黑白影像判别和提取浑浊水体附近的采砂船位置，再用点图层保存采砂船的位置[275-276]。

本书通过收集 2003 年至 2017 年 8 月无云或少云的 Landsat 系列卫星遥感影像，用于提取鄱阳湖采砂船的空间分布。根据对比枯水期和丰水期的遥感影像，以及参考其他学者的研究，发现鄱阳湖的采砂船主要在丰水期进行作业，该时期水位较高、水域面积广，有利于采砂船进行通航和作业，并且采砂船在短时间内数量和空间变化相对稳定。因为每年 8 月是鄱阳湖的丰水期，水位较高，采砂船数量较多，能够真实地反映采砂船该年的实际数量。

2. 采砂活动空间特征分析方法

（1）核密度分析法。核密度分析法是在概率论中基于研究对象分布特征，用来估计未知的密度函数，能够使研究对象的分布概率表现得更直观，核密度值的高低表示着研究对象在空间上集聚程度的大小[277]。在利用遥感影像判别和提取采砂船后，基于采砂船地理坐标数据，在 ArcGIS 10.2 软件平台选择空间分析工具中的核密度分析（Kernel Density Anaylsis）建立鄱阳湖不同年份采砂船的核密度分布图。核密度分析方法是一种统计非参数密度估计的方法，其在设定的带宽范围内，要素所处位置中心估算密度值最大值，并且估算密度值随着与要素的距离增大而降低，直至要素的带宽边缘处估算密度值为零[278-279]，值得注意的是，研究区范围越大，选择的带宽就越大；反之越小。核密度的计算公式如下：

$$f_n(x) = \frac{1}{nr} \sum_{i=1}^{n} h\left(\frac{x-x_i}{r}\right) \tag{6-3}$$

式中：h 为核函数，x 为鄱阳湖采砂船的空间位置，x_i 表示以 x 为圆心形成的区域采砂船在空间上具体位置，n 为采砂船数量，r 为搜索半径。

（2）标准差椭圆。标准差椭圆（Standard Deviational Ellipse，SDE）是一种能表示地理空间要素分布方向性的空间统计分析方法[280]，其主要分析地理要素的空间离散程度、趋势和空间分布特征[281]。通过标准差椭圆可以探究鄱阳湖采砂船的时空演化特征和其发展规律。计算公式如下：

$$SDE_x = \sqrt{\frac{\sum (x_i - \overline{x})^2}{n}}, \ SDE_y = \sqrt{\frac{\sum (y_i - \overline{y})^2}{n}} \tag{6-4}$$

式中：SDE_x 和 SDE_y 代表椭圆的圆心，即中心坐标；x_i 和 y_i 是每个要素的空间位置坐标；$\bar{x_i}$ 和 $\bar{y_i}$ 分别代表的是算术平均中心。

标准差椭圆轴方向：

$$tan\theta = \frac{A+B}{C}$$

$$A = \sum \bar{x_i}^2 - \bar{y_i}^2$$

$$B = \sqrt{\left(\sum \bar{x_i}^2 - \bar{y_i}^2 \right)^2 + 4 \left(\sum \overline{x_i y_i} \right)} \tag{6-5}$$

$$C = 4 \left(\sum \overline{x_i y_i} \right)^2$$

式中：$\bar{x_i}$ 和 $\bar{y_i}$ 是平均中心和 x，y 坐标的差，其中椭圆的方向以 X 轴为准，正北方向为 0°，顺时针旋转。

标准差椭圆的轴长为：

$$\sigma_x = \sqrt{2} \sqrt{\frac{\sum \left(\bar{x_i}\cos\theta - \bar{y}\sin\theta \right)^2}{n}}$$

$$\sigma_y = \sqrt{2} \sqrt{\frac{\sum \left(\bar{x_i}\sin\theta - \bar{y}\cos\theta \right)^2}{n}} \tag{6-6}$$

式中：σ_x 为 X 轴的长轴；σ_y 为 Y 轴的短轴。

3. 景观、岸线与形态分析方法

（1）景观转移矩阵。采用马尔科夫转移矩阵来描述景观类型之间的相互转换情况，能够科学地解释不同景观类型间的转移方向和转移效率，有利于分析景观类型之间的流向，进而更好地理解鄱阳湖水陆交错带景观类型的时空转移过程。景观转移矩阵（Transition Matrix）可以表达研究区域在一段时间内各种景观类型之间数量上的相互转移变动情况[282]，计算公式如下：

$$P = \begin{bmatrix} p_{11} & \cdots & P_{1j} \\ \vdots & \ddots & \vdots \\ P_{ij} & \cdots & P_{ij} \end{bmatrix} \tag{6-7}$$

式中：P_{ij} 表示景观类型 i 转化为景观类型 j 的面积。

（2）景观格局指数分析法。景观指数高度浓缩了景观格局指数信息，能够客观地反映其结构组成和空间配置等方面的特征[153,283]，一般是在斑块水平、类型水平和景观水平 3 个层次上进行分析。用景观指数来描述景观格局及其变化，并建立格局与景观过程之间的关联，是景观生态学中应用最为广泛的定量研究方法。参考其他学者对鄱阳湖景观指数的评价[100,148]，根据研究目的，本书在景观指数的选择上遵循科学性、简明性和定量可比性，这有利于进行横向和纵向对比研究[284]。

本书从类型水平和景观水平层次开展研究，主要选取表征破碎度、聚集度、形状指数和多样性的景观格局指数进行分析，其中，类型水平上选取斑块密度（PD）、景观形状指数（LSI）、凝聚度（COHESION）和集聚度指数（AI）四个指标，景观水平上选取斑块数量（NP）、斑块密度（PD）、最大斑块指数（LPI）、景观形状指数（LSI）、凝聚度（COHE-SION）、集聚度（AI）、香农多样性指数（SHDI）和香农均匀度指数（SHEI）八个指标，所有指数都在 Fragstats 4.2 软件计算完成，如表 6-4 所示。

表 6-4 选取的景观指数及其生态意义

景观指数	公式	生态意义
斑块数量 （NP）	$NP = N$	用于衡量景观破碎度，值越大，破碎度越高
斑块密度 （PD）	$PD = \dfrac{N}{A}$	单位面积上的斑块数量，既反映了景观空间异质性程度，也反映了破碎度。值越大，破碎度越高，空间异质性就越大
最大斑块 指数（LPI）	$LPI = \dfrac{Max(a1, \cdots, an)}{A}(100)$	最大斑块是优势度指标，当其为 0 时，说明最大斑块面积越小，当其为 100 时，说明整个景观由这一斑块组成
景观形状 指数（LSI）	$LSI = \dfrac{0.25E_i}{\sqrt{A_i}}$	值越大，说明景观斑块形状越复杂

景观指数	公式	生态意义
凝聚度 （COHESION）	$COHESION = \left(1 - \dfrac{\sum\limits_{j=1}^{n} p_{ij}}{\sum\limits_{j=1}^{n} p_{ij} \times \sqrt{a_{ij}}}\right)\left(1 - \dfrac{1}{\sqrt{A}}\right)^{-1} \times 100$	反映自然景观连接性程度，值越接近−1时，则斑块分裂越严重，值为0时则随机分布，值越接近1时，说明景观连接越好
集聚度（AI）	$AI = \left[\sum\limits_{i=1}^{m}\left(\dfrac{g_{ij}}{maxg_{ij}}\right)p_i\right] \times 100$	表征斑块的聚集程度，值越大，表明斑块聚集越紧密；反之表明斑块聚集越离散
香农多样性指数（SHDI）	$SHDI = -\sum\limits_{i=1}^{m}(p_i \times \ln p_i)$	值越高，说明在景观系统中土地类型越丰富、景观类型越多
香农均匀度指数（SHEI）	$SHEI = \dfrac{-\sum\limits_{i=1}^{m}(p_i \times \ln p_i)}{\ln m}$	值越接近0时优势度一般较高，反映出景观受到一种或少数几种优势斑块类型所支配；值靠近1时优势度低，各斑块均匀分布

注：N 为斑块数量，A 为总面积，a_{ij} 代表第 i 类景观类型中第 j 个斑块的面积，$Maxa$ 指景观或某一种斑块类型中最大斑块的面积，E_i 为景观中所有斑块边界的总长度，p_{ij} 代表第 i 类景观中第 j 个斑块的周长，g_{ij} 为相应景观类型的相似邻接斑块数量，m 是指景观中斑块类型的总数，p_i 是指斑块类型 i 占整个景观的面积。

（3）DSAS 数字岸线系统。分析岸线时空变化的方法有面积法、动态分割法、基线法和最小二乘法等[285]。其中，基线法采用美国地质调查局（USGS）研发 DSAS 数字岸线分析系统，用来计算岸线移动和变化的速率，从而实现定量化分析岸线[286]。

线性回归变化速率法（LRR）与终点变化速率法（EPR）都可以用于测量水陆交错带位置随时间的变化，变化速率以每年沿横断线测量的水陆交错带岸线移动距离表示[287-288]，单位为米/年。该方法常用于分析海岸线的变迁，而本书鄱阳湖水陆交错带的内部边界较为特殊，对基线设置要求和分析测量的方向有所不同，故在研究中，当变化速率结果为负时，表示该时段内水陆交错带向湖泊水域一侧扩张，为正则表示岸线向陆地迁移，水陆交错带被侵蚀。

线性回归变化速率（LRR）通过拟合最小二乘回归点的回归线来确定，通过设置回归线，使残差的平方和最小化，线性回归率是直线的斜率[285]。计算公式如下：

$$y = \sum_{i=1}^{n} (x_i - \overline{x})(y_i - \overline{y}) + (\overline{y} - a\overline{x})x \qquad (6-8)$$

式中：y 代表水陆交错带岸线空间位置；x 为统计年份；公式前半部分为拟合的常数截距；$\overline{y} - a\overline{x}$ 为回归斜率，代表每个单位 x 变化对应 y 的变化。

终点变化速率（EPR）是通过将水陆交错带岸线移动的距离除以岸线迁移之间所经过的时间来计算的。EPR 的主要优点是易于计算且要求较低，只需要两个岸线日期即可进行计算分析[289]。计算公式如下：

$$E_{i,j} = \frac{NSM_{j,i}}{\Delta Y_{j,i}} \qquad (6-9)$$

式中：$E_{i,j}$ 代表岸线终点变化效率；$NSM_{j,i}$ 为第 j 期与第 i 期岸线净移动距离；$\Delta Y_{j,i}$ 为相应岸线年份数差值。

（4）水陆交错带形态指数。形状指数是定量描述水陆交错带形态变化的有效指标[290]，通过水陆交错带形状与圆的相似程度来判断水陆交错带形状的复杂程度，用水陆交错带周长与等面积的圆周长之比来表示，且形态指数值越大水陆交错带形状的复杂程度越高[291]，计算公式如下：

$$SI = \frac{P}{2\sqrt{\pi A}} \qquad (6-10)$$

式中：SI 为水陆交错带形状指数；P 为水陆交错带周长；A 为水陆交错带面积。

分形维数是表明水陆交错带形态复杂程度的指数。分形维数在 [1, 2] 范围内，其值越接近 1，水陆交错带的相似性越强，形状也越整齐，几何形态越简单，说明有较大的干扰；相反，分形维数越趋于 2，表明水陆交错带的相似性越弱[291]，计算公式如下：

$$FD = \frac{2\ln P/4}{\ln A} \qquad (6-11)$$

式中：FD 为水陆交错带分形维数；P 为水陆交错带周长；A 为水陆交错带面积。

4. 皮尔逊相关系数

本章通过皮尔逊相关系数测算鄱阳湖水陆交错带形态指数、景观格局指数和采砂规模的相关性，通过显著性检验下（$P \leqslant 0.05$），相关系数的绝对值越大，相关性就越强[292]，计算公式如下：

$$R = \frac{\sum_{i=1}^{n} \left[(X_i - \overline{X})(Y_i - \overline{Y}) \right]}{\sqrt{\sum_{i=1}^{n} (X_i - \overline{X})^2 \sum_{i=1}^{n} (Y_i - \overline{Y})^2}} \tag{6-12}$$

式中：R 是相关系数，X_i 为第 i 年采砂船数量，Y_i 为第 i 年鄱阳湖水陆交错带形态指数和景观格局指数，$\overline{X}$、$\overline{Y}$ 分别是变量 X、变量 Y 的样本均值。

二、采砂活动时空分布与集聚特征

（一）采砂船时空分布特征

21 世纪以来，长江主河道全面禁止采砂后，大量采砂船涌入鄱阳湖区进行采砂作业。根据 Landsat ETM/OLI 遥感影像中红外波段提取鄱阳湖 2003 年至 2017 年 8 月丰水期采砂船数量及分布情况，通过对比高精度的谷歌遥感影像，并参考采砂船的实际特征，利用目视解译的方法，发现鄱阳湖内货船与其他用途的船只数量少并且集中分布在鄱阳湖的航道上航行，采砂船集聚在比较固定的区域进行采砂作业，因此，湖内总体船只的数量在一定程度上也代表采砂船的数量，利用遥感影像提取出来的采砂船数量的可信度较高。总体来看，鄱阳湖内采砂船数量不断增加，在空间分布上由北向南扩散，如图 6-2 所示，采砂船沿着主河道分布，并主要集中在入江通道和松门山附近的湖心区域，这与其他的研究结果较为一致[55]。

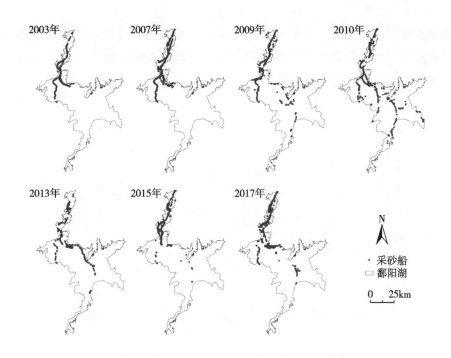

图 6-2　2003~2017 年鄱阳湖采砂船时空分布

　　从图 6-3 可以看出，根据遥感影像提取采砂船数量，2003 年鄱阳湖采砂船有 497 艘，2007 年采砂船数量增加至 644 艘，并且集中分布在松门山以北的入江通道。自 2008 年江西省水利厅颁布实施《关于进一步加强赣江中下游及鄱阳湖采砂管理的意见》以来，在政府有条件地限制赣江中下游的采砂活动和鄱阳湖湖区全面禁止采砂的影响下，2009 年采砂船增速下降，但在采砂高额利润的驱动下，2010 年采砂船的分布范围明显扩大，采砂范围扩大至鄱阳湖南部的康山圩堤附近，2015 年采砂船增加至 713 艘，2017 年采砂船高达 874 艘，但 2015 年后采砂范围向北收缩。

　　根据《江西省鄱阳湖采砂规划报告（2009—2013）》和《2014—2018 年鄱阳湖采砂规划》的报告内容，可知政府对鄱阳湖砂石资源的开采规定了明确的采砂区域和采砂时间，不断规范鄱阳湖的采砂作业行为，并且对采砂船数量和可开采量进行限额。但根据卫星遥感影像识别的采砂船数量和空间分布位置，可以发现鄱阳湖采砂船数量超过规定的数量，部分采砂船出现禁采区和生态敏感区域，可以推断出 2009~2017 年鄱阳湖存在明显的非法采砂问题，这与实际情况和其他学者的研究较为一致[50]。

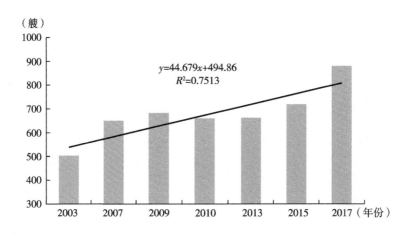

$y=44.679x+494.86$
$R^2=0.7513$

图 6-3　2003~2017 年鄱阳湖采砂船数量变化

（二）采砂船空间分布核密度分析

经过多次试验，鄱阳湖采砂船的核密度分析搜索半径设置为 5000 米的效果较好，通过 ArcGIS 10.2 平台进行核密度可视化得到图 6-4。2003~2017 年鄱阳湖采砂船核密度值总体上不断增大，集聚模式呈现多核心模式。其中，2003 年鄱阳湖采砂船的核密度最大值为 2.34，采砂船主要集聚在松门山以北的入江通道，并且多个核心地连续在一起，形成条带状模式。2007 年采砂船核密度最大值为 3.78，多核心也呈现带状，但出现明显的主核心，该主核心靠近湖口水文站，相对于 2003 年，核心位置向北移动，另外，鄱阳湖连接赣江的河道的核密度值明显提高。2009 年采砂船的核密度值进一步提高，最高值达到 6.52，集聚模式与 2007 年相似性强，此外，鄱阳湖南部出现了明显集聚，这说明了松门山以南也有大规模的采砂活动。2010 年采砂船最大核密度值为 3.34，集聚模式是较为分散的多核心模式，松门山和星子水文站附件出现明显的高值区，南部有多个核密度值稍高的核心。2013 年采砂船核密度最大值为 4.74，分布模式相对于 2010 年更为集聚，两个较大的集聚中心出现在鄱阳湖北部松门山和湖口水文站附近，南部有两个稍小的集聚中心。2015 年采砂船核密度最大值为 5.03，集聚模式发生改变，南部集聚度下降，采砂活动主要集中在鄱阳湖对入江通道。2017 年采砂船核密度最大值为 8.89，集聚模式变为具有明显单一的高值集聚模式，该高值在湖口水文站南侧。

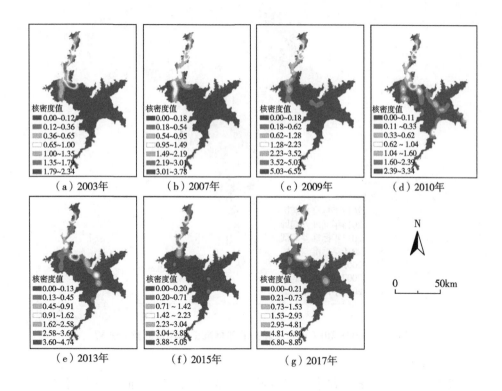

图 6-4 2003~2017 年鄱阳湖采砂船核密度分析

（三）采砂船空间分布特征标准差椭圆分析

标准差椭圆分析方法常常被用于分析点要素空间特征，通过这一方法可以了解鄱阳湖采砂船的延伸和迁移方向趋势。本部分研究利用 ArcGIS 10.2 绘制了 2003 年、2007 年、2009 年、2010 年、2013 年、2015 年和 2017 年 7 个年份的标准差椭圆,如图 6-5 所示。

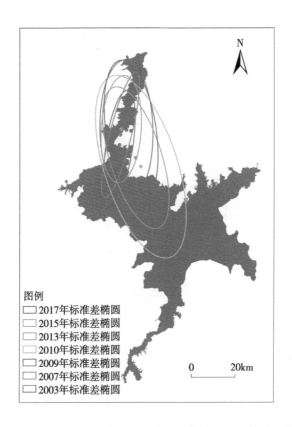

图 6-5　2003~2017 年鄱阳湖采砂船标准差椭圆及其重心分析

2003~2017 年鄱阳湖采砂船空间分布整体呈现南—北向的空间格局。在标准差椭圆内部的地区主要是鄱阳湖的北部区域(松门山以北),这一部分是鄱阳湖大部分采砂船集中作业的区域,可以更加细致地分析鄱阳湖采砂船的整体延伸方法和移动趋势。

从延伸方向上看,鄱阳湖采砂船空间延伸比较明显,标准差椭圆方向性在不同时期有一定变化,2009 年前保持在南(偏西)—北(偏东)走向，2009年后便基本保持南（偏东）—北（偏西）的空间格局。从椭圆面积上看，2003—2010年鄱阳湖采砂船数量的标准差椭圆的面积逐渐扩大，标准差椭圆面积从2003年的47460.85公顷增加至2010年的223342.33公顷，表明采砂船在空间上呈扩张状态，说明鄱阳湖采砂船在这7年由北向南扩散较为明显，这与其他学者研究的采砂船南移结果一致，椭圆内部地区采砂数量增长速度缓慢，采砂船对鄱阳湖南部地区影响也越发明显。

2003~2017年长短轴波动变化，表明鄱阳湖采砂船空间方向性有明显变化。从标准差椭圆重心的移动方向上看，2007年标准差椭圆重心向北偏移了4477.82米，2009年标准差椭圆重心向东北方向偏移3500.42米，随后，2010年标准差椭圆重心向南偏移了17583.96米，2013年标准差椭圆重心偏移向北偏移4569.36米，2015年继续向北偏移14389.71米，2017年标准差椭圆重心向东偏移4610.67米，可以看出标准差椭圆重心先由北迁移，再往南迁移，后往北迁移，这说明研究区间内鄱阳湖采砂船数量分布不断在调整，采砂活动向南部转移扩散，再逐步回到北部。总体而言，区域重心的变动反映了鄱阳湖采砂船数量、空间差异及均衡度。

表6-5　鄱阳湖采砂船标准差椭圆主要参数

年份	面积（公顷）	重心经度（°E）	重心纬度（°N）	长轴半径（百米）	短轴半径（百米）	方位角（°）
2003	47460.85	116°05′05.38″	29°22′33.16″	245.25	61.62	8.68
2007	44674.15	116°05′20.84″	29°24′58.01″	288.42	49.34	14.45
2009	118375.76	116°07′01.29″	29°26′10.12″	310.90	121.21	178.57
2010	223342.33	116°11′09.75″	29°17′21.92″	424.39	167.54	161.60
2013	122823.11	116°09′43.45″	29°19′29.67″	329.54	118.66	161.97
2015	68542.82	116°05′32.05″	29°26′22.07″	238.10	91.65	3.60
2017	114465.08	116°08′20.66″	29°25′56.50″	317.58	114.75	171.04

注：数据均由ArcGIS 10.2软件计算所得。

（四）小结

根据 Landsat ETM/OLI 遥感影像中红外波段提取鄱阳湖 2003~2017 年采砂船数量及空间分布情况，通过对比高精度的高分卫星遥感影像，并参考采砂船的实际特征，最终获取的采砂船数量变化趋势和空间分布与其他学者的研究较为一致。在数量上，鄱阳湖采砂船不断增加，从 2003 年的 497 艘增加至 2017 年的 847 艘；在空间分布上，采砂船由北向南扩散，并沿着主河道分布，主要集聚于入江通道和湖心区域。

通过对采砂船进行核密度分析，发现鄱阳湖采砂船核密度值总体上在不断增大，集聚模式呈现条带状多核心模式，2003 年鄱阳湖采砂船集聚核密度最大值为 2.34，2017 年核密度最大值增加至 8.89，核密度高值区主要集中在入江通道上，条带状集聚模式也逐渐从多核心模式逐渐向单核心模式方向发展。为了更好地了解鄱阳湖采砂船整体的移动特征，本章利用标准差椭圆方法分析解鄱阳湖采砂船的延伸和迁移方向趋势。2009 年之前，鄱阳湖采砂船空间分布整体呈现南（偏西）—北（偏东）走向，2009 年后便基本保持南（偏东）—北（偏西）的空间分布格局；在标准差椭圆内部的地区主要是鄱阳湖的北部区域（松门山以北），这一部分是鄱阳湖大部分采砂船集中作业的区域，并且其标准差椭圆重心先由北偏移再往南偏移，后往北偏移，这说明研究区间内鄱阳湖采砂船数量分布不断在调整，采砂活动向南部转移扩散，再逐步回到北部。

三、采砂活动影响下鄱阳湖水陆
交错带景观的变化

本节通过对遥感影像的波段进行调整，建立解译标志，运用监督分类和目视解译相结合方法，利用 ENVI 5.2 和 ArcGIS 10.2 软件平台进行景观信息提取，分别获取 2003 年、2007 年、2009 年、2010 年、2013 年、2015 年和 2017 年的鄱阳湖水陆交错带景观空间分布图，探讨鄱阳湖水陆交错带景观格局的时空动态变化，并分别从类型水平和景观水平上定量分析鄱阳湖水陆交错带景观格局指数的变化。

（一）鄱阳湖水陆交错带景观结构分析

为了保证分类结果的准确性，需要对景观分类结果进行精度验证，通过实地调研获取验证的样本点，结合高精度的谷歌遥感影像进行对比验证，在 ArcGIS 10.2 软件平台对样本点匹配，之后在 Excel 上通过混淆矩阵计算总体精度和 Kappa 系数，总体精度均大于等于 86%，Kappa 系数大于等于 0.80，符合研究要求，可以为研究进一步开展提供可靠的数据支撑。分类精度结果如表 6-6 所示。

表 6-6　鄱阳湖水陆交错带景观分类精度

年份	总体精度（%）	Kappa 系数
2003	91	0.87
2007	86	0.82
2009	87	0.80
2010	86	0.84
2013	88	0.83
2015	87	0.84
2017	87	0.80

本书采用新型水体指数 NWI 和植被归一化指数 NDVI 阈值判断和提取水体与植被，并利用监督分类和目视解译等方法相结合，实现星子水位 6.2 米下的鄱阳湖水陆交错带景观的遥感制图。由图 6-6 可知，鄱阳湖水陆交错带的景观类型以草滩和滩涂为主，沙地在空间上变化较大，农田变化比较稳定，总体来看，水陆交错带呈扩张趋势。

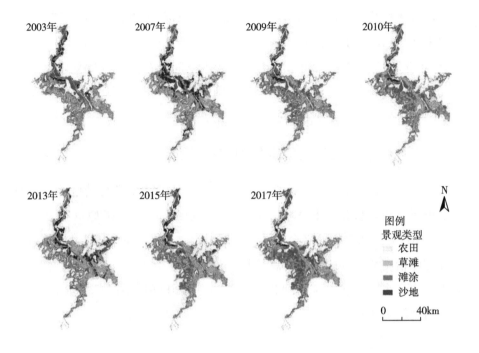

图6-6 2003~2017年鄱阳湖水陆交错带景观格局分布

由图6-7可知，2003年鄱阳湖水陆交错带总面积为224968.20公顷，其中草滩所占的比例最大，占总面积的51.25%，其次是滩涂，面积为95320.13公顷，约占总面积的42.37%，沙地面积为10379.00公顷，约占总面积的4.61%，农田作为人工湿地，面积最小，约为3971.82公顷，约占总面积的1.77%。

相对于2003年，2007年鄱阳湖水陆交错带的面积增加了8822.11公顷，总面积为233790.31公顷，其中，草滩面积为127003.74公顷，所占总面积的比例依然最大，所占比重有所上升，达到54.32%；滩涂面积比2003年减少了21972.48公顷，为73347.65公顷，约占总面积的31.37%；沙地面积增加了18763.56公顷，为29142.56公顷，所占比重为12.47%；农田面积略微增加，为4296.37公顷，所占比重上升至1.84%。

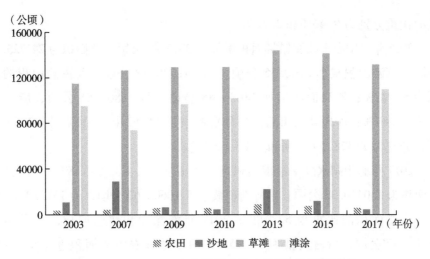

图 6-7　2003~2017 年鄱阳湖水陆交错带景观面积变化

与 2007 年相比，2009 年鄱阳湖水陆交错带面积减少了 5366.96 公顷，总面积为 228423.35 公顷；其中，草滩面积有小幅度的下降，草滩面积缩小了 6716.29 公顷，面积为 120287.45 公顷，所占总面积的比重下降至 52.66%；滩涂面积大幅度增加，滩涂面积一共增加了 23599.20 公顷，所占比重上升至 42.44%；沙地面积下降较快，面积一共减少了 23083.94 公顷，所占比重降低到 2.65%；农田面积略微增加，农田面积达到 5130.44 公顷，约占总面积的 2.25%。

2010 年与 2009 年相隔时间较短，景观结构与面积变化相差不大，鄱阳湖水陆交错带总面积有小幅度的增加，2010 年的总面积为 240285.49 公顷，草滩、滩涂和农田的总面积有一定的增加，面积分别为 129462.02 公顷、102161.94 公顷和 5096.092 公顷，而沙地面积则是进一步减少，面积缩小了 2493.18 公顷，仅有 3565.43 公顷，所占比重为 1.48%。

2013 年鄱阳湖水陆交错带总面积为 237799.72 公顷，草滩面积继续增加，为 144081.33 公顷，所占总面积的比重上升至 60.59%；滩涂面积大幅度下降，一共减少了 38925.27 公顷，至 63236.67 公顷，所占比重下降至 26.59%；沙地和农田面积有所增加，两者的面积分别增加了 18925.24 公顷和 2894.954 公顷，分别为 22490.68 公顷和 7991.05 公顷，所占总面积的比重分别为 9.46% 和 3.36%。

2015 年鄱阳湖水陆交错带面积增加了 3925.83 公顷，总面积为 241725.55 公顷；草滩面积减小 2160.55 公顷，为 141920.78 公顷，所占总面积的比例为 58.71%；滩涂面积增加 18630.88 公顷，至 81867.55 公顷，所占比重为 33.87%；沙地和农田的面积分别缩小了 11162.08 公顷和 1382.42 公顷，分别为 11328.59 公顷和 6608.63 公顷。

2017 年鄱阳湖水陆交错带面积进一步增加，一共增加了 8710.78 公顷，总面积为 250436.33 公顷；草滩面积减小了 10600.67 公顷，为 131320.10 公顷，占总面积的比重为 52.44%；2017 年滩涂面积快速增长，共增加了 28201.17 公顷，所占比重为 43.95%，而沙地和农田的面积进一步萎缩，分别减少至 3823.99 公顷和 5223.51 公顷，两者的比重进一步下降，分别只占总面积的 1.53% 和 2.09%。

总体来看，鄱阳湖水陆交错带的总面积在不断增加，如图 6-8 所示，14 年增加了 25468.13 公顷，增加了 11.32%。其中，草滩面积占比最大，其次是滩涂，农田面积变化最为稳定，沙地面积变化幅度最大，这说明人类围湖造田对鄱阳湖水陆交错带的影响是比较微弱的，采砂活动可能深刻影响着鄱阳湖水陆交错带的扩张。

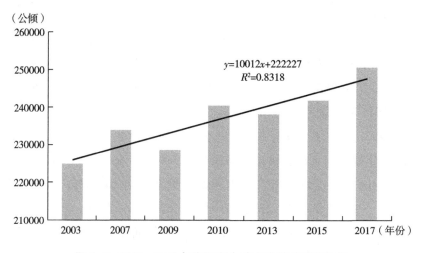

图 6-8　2003~2017 年鄱阳湖水陆交错带总面积变化

（二）鄱阳湖水陆交错带景观转移特征

通过景观转移分析方法，能更好地理解鄱阳湖水陆交错带景观的变化情况，对景观类型之间的转移流动变化进行定量分析，进而科学理解其景观类型的内部变化规律。在考虑鄱阳湖的整体性对水陆交错带景观变化分析基础上，增加水域景观能更好地把握鄱阳湖的整体情况。

2003～2017 年鄱阳湖水陆交错带各类景观转移情况如图 6-9 所示，2003～2007 年景观发生变化的主要是滩涂，滩涂转为草滩的面积约为27320.63 公顷，水域转为滩涂的面积约为 17323.87 公顷，部分水域转为草滩，其次是滩涂转为沙地，面积约为 16628.74 公顷，沙地面积不断扩张，草地转变为滩涂的面积约为 12451.79 公顷。2007～2009 年，四大景观类型均发生较大的转移变化，草滩转为滩涂的面积约为 25670.56 公顷，滩涂转为草滩的面积约为 15361.45 公顷，草滩与滩涂两者相互转换面积较

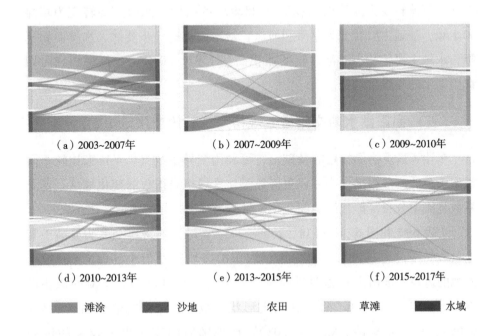

（a）2003~2007年　　　（b）2007~2009年　　　（c）2009~2010年

（d）2010~2013年　　　（e）2013~2015年　　　（f）2015~2017年

　▇ 滩涂　　　▇ 沙地　　　▨ 农田　　　▧ 草滩　　　▇ 水域

图 6-9　2003～2017 年鄱阳湖水陆交错带景观转移矩阵

大，沙地转为滩涂和草地的面积分别为 14412.87 公顷和 9265.74 公顷，水域转为滩涂的面积约为 9888.16 公顷，而滩涂和草滩转为水域的面积分别为 10621.16 公顷和 4592.34 公顷，该时期水域面积扩张，水陆交错带范围萎缩。2009~2010 年，滩涂转为草滩面积依然最大，转移面积约为 11586.28 公顷，水域转为草滩面积约为 11547.17 公顷，水域萎缩，鄱阳湖水陆交错带扩张。

2010~2013 年，滩涂转为草滩、水域和沙地的面积分别为 37668.83 公顷、16401.33 公顷和 14163.89 公顷，水域主要转变为滩涂，变化面积约为 15488.96 公顷，该时期水域面积增加 2485.77 公顷，水陆交错带范围缩小。2013~2015 年，草滩大规模转变为滩涂，转变面积高达 23779.36 公顷，滩涂主要转变为草滩和水域，转变面积分别为 16039.54 公顷和 11900.31 公顷，水域主要转变为滩涂，转变面积达到 16622.64 公顷，沙地主要转变为草滩和滩涂。2015~2017 年，草滩和滩涂之间有较大面积的转化，草滩转变为滩涂的面积高达 28297.35 公顷，滩涂主要转变为草滩和水域，沙地主要转变为草滩和滩涂，沙地面积进一步萎缩，水域面积下降，水域主要转变为滩涂，转变面积高达 15971.30 公顷，这说明该时期鄱阳湖水陆交错带扩张。

（三）鄱阳湖水陆交错带景观格局指数的变化

在计算景观格局指数的基础上，可利用变异系数（C.V）来比较不同类型景观的离散程度大小，以更好地量化景观格局指数的变化幅度，变异系数是概率分布离散程度的归一化度量，为标准差与平均值之比。

从表 6-7 和图 6-10 可知，2003~2017 年滩涂的斑块密度明显高于其他景观类型，其变异系数为 0.07，农田的斑块密度最小（C.V＝0.39），沙地的斑块密度出现较为明显的波动变化（C.V＝0.64），草滩的斑块密度较为稳定（C.V＝0.14）。在景观形状指数中，滩涂的值最高（C.V＝0.05），其次是草滩（C.V＝0.08），沙地随时间变化出现较大的波动（C.V＝0.37），农田的值最小（C.V＝0.20），并且变化趋势最为稳定。在集聚度中，农田的集聚度最大（C.V＝0.06），其次是草滩（C.V＝0.03），沙地最小（C.V＝0.05），滩涂出现明显的波动变化（C.V＝0.09）。在凝聚度中，草滩始终保持最大（C.V＝0.01），而且波动变化幅度最小，沙地最小（C.V＝0.04），滩涂与沙地变化幅度最为明显，且两者呈负相关。总体来看，通过对比变异系数发现，沙地的变异系数较大，这说明其内部差异大，变化幅度大，其次是农田，而其余景观的变异系数较小，内部差异小，变化幅度稳定。

表6-7　2003~2017年鄱阳湖水陆交错带类型水平景观指数变化

年份	景观类型	PD	LSI	AI（％）	COHESION（％）
2003	草滩	0.0255	30.3436	73.79	97.91
	滩涂	0.0675	36.1739	65.45	93.98
	沙地	0.0169	15.5362	55.40	79.56
	农田	0.001	4.814	80.55	88.37
2007	草滩	0.0184	27.6429	77.27	98.82
	滩涂	0.0629	39.8232	56.56	87.42
	沙地	0.0339	25.9649	55.42	84.26
	农田	0.0013	5.00	80.27	87.77
2009	草滩	0.029	34.4156	70.64	97.84
	滩涂	0.0692	42.9091	59.34	91.03
	沙地	0.0126	13.7115	48.52	79.26
	农田	0.0016	7.00	73.44	85.56
2010	草滩	0.0285	33.2208	72.75	98.08
	滩涂	0.0604	39.514	63.58	92.47
	沙地	0.0048	9.625	52.87	81.43
	农田	0.0017	7.5306	71.20	86.05
2013	草滩	0.0272	28.9724	77.69	98.69
	滩涂	0.0724	40.5417	52.11	85.91
	沙地	0.0282	22.6238	55.51	82.97
	农田	0.0026	7.1167	78.39	88.09

续表

年份	景观类型	PD	LSI	AI（%）	COHESION（%）
2015	草滩	0.0257	31.7421	75.24	98.59
	滩涂	0.0731	41.0419	57.47	90.59
	沙地	0.0189	16.8873	52.90	75.50
	农田	0.0019	6.0364	80.56	87.22
2017	草滩	0.0252	33.157	73.07	98.44
	滩涂	0.068	38.5045	65.79	96.44
	沙地	0.0052	10.2927	52.08	76.06
	农田	0.0008	4.7755	83.38	90.88

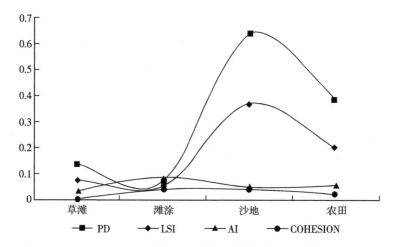

图6-10　2003~2017年鄱阳湖水陆交错带类型景观指数的变异系数

　　从表6-7和图6-11可知，2003~2017年斑块密度最高的是滩涂，其变化比较稳定，总体维持在0.07，说明滩涂的破碎度是景观中最高的，草滩的斑块密度低于滩涂，呈现先减少后增加，再缓慢减少的趋势。草滩的斑块密度从2003年的0.0255下降至2007年的0.0184，2009年快速增加至最高值0.029，随后下降至2017年的0.0252，说明草滩的破碎度在下降，这可能是由于采砂活动导致鄱阳湖枯水期延长，洲滩大面积裸露，草滩的连续性增强，破碎度下降。沙地的斑块密度变化幅度最大，其变化与沙地面积变化较为一致，沙地的斑块密度从 2003 年的 0.0169 快速上升至 2007 年的 0.0339，随后快速下降至 2010 年的 0.0048，2013 年后又快速上升至 0.0282，随后持续下降至 2017 年的 0.0052。农田的斑块密度值是四种景观类型中最小的，其斑块密度值大致维持在 0.001，这说明农田的破碎度是最低的，农田作为人工湿地，农田分布的区域较为集中，所以使得农田的破碎度较低。

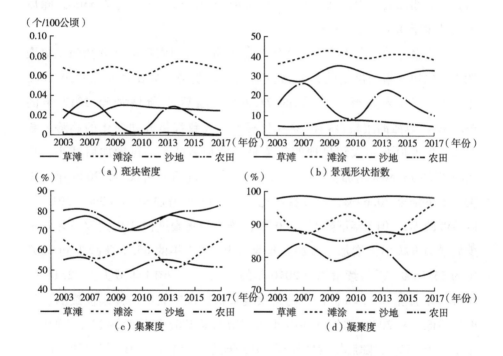

图 6-11　2003～2017 年鄱阳湖水陆交错带的景观类型指数变化

在景观形状指数中，滩涂的值一直最高，景观的形状复杂程度最高，并且其变化比较稳定，在研究期间内有小幅度的波动，从 2003 年的 36.1739 增加至 2009 年的 42.9091，随后下降至 2010 年的 39.514，2015 年增长到 41.0419，2017 年下降至 38.5045。草滩的景观形状指数值居次，并且与沙地景观变化趋势相反，从 2003 年的 30.3436 下降到 2007 年的

27.6429，2009 年又快速上升至 34.4156，2010 年略微下降，2013 年后缓慢增加，2017 年景观形状值回升到 33.157。沙地的景观形状值波动变化特别明显，与面积变化情况相一致，从 2003 年的 15.5362 快速增加至 2007 年的 25.9649，随后快速下降至 2010 年的最低值 9.625，2013 年增加至 22.6238，随后不断减少，2017 年沙地景观形状指数值为 10.2927。农田的景观形状指数最低，说明其景观斑块的形状复杂性最低，景观形状指数值先增加后减少，从 2003 年的 4.81 增加至 2010 年的 7.5306，随后不断减少至 4.7755。

在集聚度中，农田的集聚度保持比较高，说明农田的连续性强、集聚性强，农田的集聚度变化是先减少后增加的趋势，农田的集聚度从 2003 年的 80.55% 下降至 2010 年的 71.20%，随后不断增加至 2017 年的 83.38%；草滩的集聚度与滩涂变化相反，大致都是波动变化的趋势，草滩的集聚度值变化大致呈现的趋势是先增加后减小，再增加后减小，从 2003 年的 73.80% 增加至 2007 年的 77.27%，随后开始减小，2009 年的集聚度值下降至 70.64%，后续持续增大，2013 年增加至 77.69%，2013 年后持续减小，2017 年下降至 73.07%；滩涂的集聚度值变化大致呈现先减少后增加再减小再增加，滩涂的集聚度从 2003 年的 65.45% 减少到 2007 年的 56.56%，后持续增加至 2010 年的 59.34%，2013 年减少至 52.11%，2017 年增加至 65.79%。沙地的集聚度最低，说明农田的连续性最弱、集聚性最低，从 2003 年的 55.40% 小幅度增加至 2007 年的 55.42%，2009 年减小至 48.52%，随后持续增加至 2013 年的 55.51%，2013 年后沙地的集聚度减小，2017 年减小至 52.08%。

在凝聚度中，草滩的凝聚度值最高，变化较为稳定，数值维持在 98%，说明草滩的连通性是这四种景观中最好的。滩涂的凝聚度波动变化较大，变化趋势是先减少后增加再减少后增加，从 2003 年的 93.98% 下降至 2007 年的 87.43%，随后不断增加至 2010 年的 92.47%，2013 年减小至 85.91%，2017 年快速增加至 96.44%。农田的凝聚度变化较为稳定，大致呈波动增加的趋势，从 2003 年的 88.37% 增加至 2017 年的 90.88%。沙地的凝聚度最低，说明其连通性最差，沙地的凝聚度变化趋势是波动下降，从 2003 年的 79.56% 增加至 2007 年的 84.26%，2009 年下降至 79.26%，2013 年增加至 82.97%，2015 年下降至最低值 75.50%，2017 年沙地的凝聚度值为 76.06%。

由表 6-8 可知，鄱阳湖水陆交错带的破碎度采用斑块数量和斑块密度指标进行表征，斑块数量和斑块密度变化非常一致，两者的变化趋势是先缓慢增加后减小，随后快速增加后快速减小，波动减小的特征非常明显，这充分说明了鄱阳湖水陆交错带的破碎度是在波动减小，其中，整体的斑块数量从 2003 年的 1126 个增加至 2007 年的 1193 个，2010 年减少至 1025 个，随后 2013 年快速增加至最大值 1368 个，2017 年斑块数量下降至 999 个。整体的斑块密度从 2003 年的 0.0825 缓慢增加至 2007 年的 0.0875，随后 2010 年快速下降至低值 0.0751，2013 年增加至最高值 0.1003，2017 年下降至 0.0732，这表明鄱阳湖水陆交错带总体上破碎度在降低。其中，鄱阳湖水陆交错带优势景观斑块的度量采用最大斑块指数，值越高表明优势斑块所占面积越大，2003~2017 年最大斑块指数呈现波动增加的趋势，说明优势越来越大斑块的出现使得鄱阳湖水陆交错带整体的破碎度下降，其中该值最高出现在 2013 年的 6.39%，说明了 2013 年鄱阳湖水陆交错带虽然出现最大斑块面积，但整体的破碎度非常高，综上所述，2013 年是鄱阳湖水陆交错带景观变化的转折年。

表 6-8　2003~2017 年鄱阳湖水陆交错带景观层次上景观格局指数变化

年份	NP	PD	LPI（%）	LSI	AI（%）	COHESION（%）	SHDI	SHEI
2003	1126	0.0825	2.64	6.1108	66.27	96.08	0.9176	0.6619
2007	1193	0.0875	5.43	6.8995	65.22	96.14	1.0278	0.7414
2009	1166	0.0855	2.63	7.4976	61.87	95.05	0.8871	0.6399
2010	1025	0.0751	3.14	7.3299	65.73	95.61	0.8443	0.609
2013	1368	0.1003	6.39	6.9850	65.87	96.30	0.9917	0.7153
2015	1266	0.0928	4.23	7.4786	65.57	96.17	0.9238	0.6664
2017	999	0.0732	3.81	7.4794	67.01	97.25	0.8444	0.6091

　　鄱阳湖水陆交错带的景观形状复杂程度采用景观形状指数 LSI 进行测算，2003 年景观形状指数值为 6.1108，2009 年增加至 7.4976，2010 年减小至低值 6.9850，随后不断增加，至 2017 年的 7.4794，趋势大致是波动增加的，说明鄱阳湖水陆交错带的景观形状变得越来复杂化、不规则化。

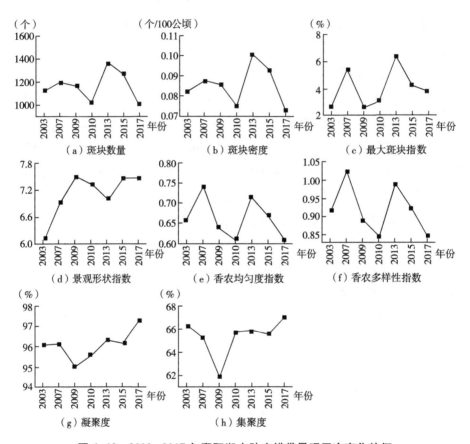

图 6-12　2003～2017 年鄱阳湖水陆交错带景观层次变化特征

　　鄱阳湖水陆交错带的景观多样性采用香农均匀度指数和香农多样性指数进行测算，两指数的变化趋势一致，其中香农均匀度指数是测算景观丰度下的最大可能多样性，香农均匀度指数从 2003 年的 0.6619 增加至 2007 年的 0.7414，随后快速下降至 2010 年的 0.6090，2013 年有小幅度的增加，2017年下降至最低值0.6091。香农均匀度指数波动下降，说明景观类型分布不均匀，景观的多样性变低。香农多样性指数作为测算景观异质性的常用指标，在生态学中得到广泛的运用，鄱阳湖水陆交错带的香农多样性指数值从2003年的0.9176增加至2007年的1.0278，2010年下降至最低值0.8443，2013年增加至0.9917，2017年重新下降至低值0.8444。其变化趋势大致是波动下降，说明鄱阳湖水陆交错带的景观异质性减弱。

2003~2017年鄱阳湖水陆交错带凝聚度波动增加，说明整体的景观连通性提高，凝聚度从2003年的96.08%增加至2007年的96.14%，2009年下降至最低值95.05%，该年份鄱阳湖水陆交错带的景观连通性最差，随后稳步增加至2017年的97.25%，该年份景观连通性最好。2003~2017年鄱阳湖水陆交错带的集聚度先减小后增加，集聚度从2003年的66.27%持续下降至2009年的最低值61.87%，说明该阶段的鄱阳湖水陆交错带的景观集聚性降低，随后不断增加，最大值出现在2017年的67.01%，整体上鄱阳湖水陆交错带的景观集聚性增强。

（四）小结

本书采用新型水体指数NWI和植被归一化指数NDVI阈值判断和提取水体与植被，并利用监督分类和目视解译等方法相结合，实现星子水位6.2米下的鄱阳湖水陆交错带景观提取，本节通过面积变化和景观转移矩阵分析鄱阳湖水陆交错带景观结构动态变化。

总体来看，鄱阳湖水陆交错带的面积不断增加，2003~2017年一共增加了25468.13公顷，面积增加了11.32%，说明鄱阳湖水陆交错带在不断扩张。在各类景观面积所占比重中，草滩面积所占总面积最大，其次是滩涂，农田面积变化最为稳定，沙地面积变化幅度最大。通过景观转移矩阵分析发现草滩与滩涂之间转化最为频繁，相互转换面积最大；水域面积呈波动下降趋势，水域主要转换为滩涂，湿地面积扩张，水陆交错带面积不断扩大；沙地变化幅度较大，变动最不稳定；农田作为研究区内特殊的人工湿地景观，面积最小，但面积总体上维持稳定。

为了定量分析采砂活动对鄱阳湖水陆交错带景观格局的影响，分别从类型层次和景观层次上对鄱阳湖水陆交错带进行定量分析，主要选取表征景观破碎度、形状指数、集聚度、凝聚度和多样性指数，其中景观破碎度的指数有斑块数量、斑块密度和最大斑块指数，形状指数选取景观形状指数，集聚度选取集聚指数，凝聚度选取凝聚度指数，景观多样性指数主要选取香农多样性指数和香农均匀度指数，分析结果如下：

在类型水平上，通过对比变异系数发现，沙地的变异系数较大，说明其内部差异大，变化幅度大，其次是农田，而其余景观的变异系数较小，内部差异小，变化幅度稳定；其中，滩涂景观的破碎度最大，其景观斑块形状最为复杂；农田景观破碎度最小，景观斑块复杂程度最小，变化最为稳定，斑块的聚集性最强；沙地景观指数的变化幅度最大，其景观连通性表现最差；草滩景观指数变化较为稳定，其景观连通性最好，且变化幅度最小。

在景观水平上，2003~2017 年鄱阳湖水陆交错带景观破碎度不断下降，优势斑块值逐渐增加，景观形状趋于复杂化、不规则化，景观多样性减少和景观异质性减弱，景观连通性和集聚性增加。

四、采砂活动对内部主要岸线及整体形态的影响

区域的边界轮廓是表征区域形态的重要的手段。本书分析 2003~2017 年鄱阳湖采砂活动集聚区内岸线的变迁，并测算鄱阳湖水陆交错带内部主要岸线陆地区域扩张和侵蚀的面积变化，能够科学地评估采砂活动对鄱阳湖水陆交错带造成的影响，在内部岸线变化的基础上，进一步测算鄱阳湖水陆交错带局部和整体的形态变化，有利于更加细化研究不同年份水陆交错带的演变过程。

（一）内部主要岸线变迁分析

本书通过新型水体指数提取鄱阳湖水陆交错带的岸线具有较高的可信度和科学性，鄱阳湖作为内陆的淡水湖泊，其岸线提取的复杂程度低于海岸线，因为湖泊岸线具有较高的稳定性，在短时间内变化不大，而海岸线的提取则需要考虑潮汐效应的影响，日变化的幅度非常大。本书通过阈值法和目视校正的方法能够很好地提取鄱阳湖水陆交错带的岸线。在对岸线分析之前，需要对岸线的提取进行精度验证，在 ArcGIS 10.2 软件平台对岸线生成点数据，并且通过对局部岸线抽稀 100 个样本点和整体岸线 300 个样本点进行计算，最终获取岸线的总体精度，如表 6-9 所示。总体岸线提取精度均大于 94%，局部岸线提取精度均大于 90%，说明本书提取岸线的精度较高，能够很好地满足后续的研究需求。

表 6-9　鄱阳湖水陆交错带内部主要岸线提取精度　　　　单位：%

年份	精度			
	西岸线	东岸线	湖心区域	总体
2003	96	94	93	94
2007	99	97	99	98
2009	100	95	95	97
2010	100	99	90	96
2013	100	100	99	99
2015	100	98	100	99
2017	99	99	99	99

根据遥感影像解译，如图 6-13 所示，对 2003~2017 年鄱阳湖水陆交错带共 7 个时期的内部主要岸线信息进行人工提取，这些内部主要岸线均是采砂活动的集中区域，通过分析该处岸线的变迁能科学地分析采砂活动对鄱阳湖水陆交错带的影响。如表 6-10 所示，2003~2017 年鄱阳湖水陆交错带内部主要岸线总体长度呈现增长趋势，增长幅度为 14.43%，平均

增长速率为 2607.42 米/年，2003~2007 年增长最快，总体增加 28304.38
米，2007~2009 年增加 7761.55 米，2007~2013 年呈现下降趋势，其中
2009~2010 年减少了 10004.86 米，2010~2013 年减少了 8562.51 米，
2013~2015 年总体岸线增加了 17329.77 米，2015~2017 年增加了 1675.58
米，说明 2015 年以后鄱阳湖水陆交错带岸线变化趋于稳定。

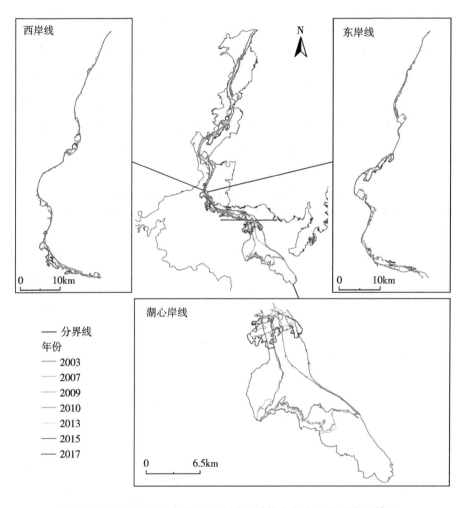

图 6-13　2003~2017 年鄱阳湖水陆交错带内部主要岸线变迁情况

表 6-10　2003~2017 年鄱阳湖水陆交错带内部主要岸线变迁情况

单位：米

年份	西岸线	东岸线	湖心岸线	总体岸线
2003	90791.07	90375.54	71766.93	252933.54
2007	101178.06	112474.06	67585.80	281237.92
2009	102327.76	117620.82	69050.89	288999.47
2010	106655.33	115144.11	57195.17	278994.61
2013	116811.71	129251.28	24369.11	270432.10
2015	119983.97	136697.03	31080.88	287761.87
2017	127374.24	130277.44	31785.77	289437.45

鄱阳湖水陆交错带内部主要岸线可以进一步划分为西岸线、东岸线和湖心岸线，其中西岸线和东岸线是指松门山以北的鄱阳湖入江通道的东西两岸。2003~2017 年西岸线总体长度逐年增加，增加幅度为 40.29%，平均增长速率为 2613.08 米/年，2003~2007 年岸线增加了 10386.99 米，2007~2009 年增加了 1149.70 米，2009~2010 年岸线增加了 4327.57 米，2010~2013 年增加了 10156.38 米，2013~2015 年岸线增加了 3172.26 米，2015 年后岸线长度变化趋向稳定，2015~2017 年增加了 7390.27 米。2003~2017 年东岸线呈现增长的趋势，增长幅度为 44.15%，平均每年增加 2850.14 米，2003~2007 年岸线增加了 22098.52 米，2007~2009 年增加 5146.75 米，2009 年后有小幅度的减少，2009~2010 年岸线减少了 2476.71 米，2010 年后岸线长度逐年递增，2010~2013 年东岸线增加了 14107.17 米，2013~2015 年岸线增加了 7445.75 米，2015~2017 年东岸线长度减少了 6419.59 米。

总体来看，2003~2017 年湖心区域的岸线呈现减小趋势，减少幅度高达 55.71%，14 年湖心区域岸线减少了 2855.80 米，平均减少速率为 2855.80 米/年，2003~2007 年湖心区域岸线减少了 4181.13 米，2007~2009 年湖心岸线有了小幅度的增加，共增加了 1465.09 米，2009~2013 年湖心区域的岸线快速减少，4 年共减少了 44681.78 米，2013~2015 年岸线面积增加了 6711.76 米，2015 年后湖心区域岸线变化趋于稳定，2015~

2017 年岸线长度仅增加了 704.89 米。

表 6-11 为采砂活动与鄱阳湖水陆交错带内部主要岸线演变情况的相关性分析结果，其中采砂规模指代的是采砂船的数量。该结果表明，采砂规模与西岸线、东岸线和总体岸线长度呈现显著的正相关关系，表明其岸线长度随采砂规模的增大而增加，采砂活动深刻影响着西岸线、东岸线和总体岸线长度及曲折程度。虽然采砂规模与湖心岸线呈负相关，但未通过显著性检验，说明采砂活动可能未直接导致湖心岸线萎缩。

表 6-11 采砂活动与鄱阳湖水陆交错带内部主要岸线演变影响关系

指标	采砂规模	西岸线	东岸线	湖心岸线	总体岸线
采砂规模	1.0**				
西岸线	0.88**	1.0**			
东岸线	0.79*	0.92**	1.0**		
湖心岸线	−0.61	−0.91**	−0.84*	1.0**	
总体岸线	0.81*	0.61	0.74	−0.29	1.0**

注：$*P<0.05$，$**P<0.01$。

鄱阳湖采砂活动主要集聚在松门山以北的入江通道处，该处采砂作业一般远离中心主航道，并主要沿着岸线进行作业，采砂活动导致东岸线和西岸线变得越来越曲折和不光滑，使得其长度不断增加；总体岸线主要由东、西岸线组成，采砂活动直接影响总体岸线长度。采砂的侵蚀导致湖心岸线北端向两侧扩张，但湖心岸线南部则呈现快速萎缩的状态，这是湖心区域的水域面积不断萎缩所导致的，水域面积减少会导致岸线向水域方向推进，直接影响岸线长度。

（二）采砂活动集聚区陆地侵蚀与扩张情况

根据岸线提取的结果和岸线摆动情况，利用面积法可以测算出采砂活动集聚区域侵蚀和扩张的变化情况。由图 6-14 可知，2003～2017 年东岸线的侵蚀面积和扩张面积分别达到 3905.90 公顷和 275.55 公顷，其侵蚀率和扩张率分别为 278.99 公顷/年和 19.68 公顷/年；西岸线的侵蚀面积和扩张面积分别达到 2922.72 公顷和 58.40 公顷，其侵蚀率和扩展率分别为 208.77 公顷/年和 4.17 公顷/年，东岸线和西岸线的侵蚀率均大于扩张率，东岸线的侵蚀面积和扩张率均高于西岸线，说明东岸线和西岸线呈现侵蚀状态，而且东岸线侵蚀程度要大于西岸线，采砂对东岸线的侵蚀强度要大于西岸线。2003~2017 年湖心岸线区域一共扩张了 11078.16 公顷，侵蚀面积仅为 291.92 公顷，其侵蚀率和扩张率分别为 20.85 公顷/年和 791.30 公顷/年，扩张率远大于侵蚀率，说明湖心陆地总体上呈现扩张状态，湖心陆地是扩张的重点区域。从图 6-15 可以看出，东岸线和西岸线侵蚀的区域主要集中在南部，而且东岸线侵蚀范围比西岸线广，东岸线最南部区域有明显的扩张趋势；湖心岸线区域绝大部分呈扩张状态，尤其是中部和南部区域，而北部两侧有小范围的侵蚀，该处是采砂船聚集作业的区域，采砂活动直接侵蚀湖心岸线区域的北部两侧。

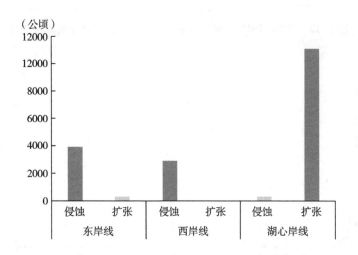

图 6-14　2003~2017 年鄱阳湖水陆交错带内部主要岸线侵蚀与扩张面积变化

从时间序列上看，通过对比不同时间段的变化（见图 6-16）可以发现，2003~2007 年侵蚀和扩张面积变化最为明显，其次是 2010~2013 年；

2003~2007 年，东岸线和西岸线分别被侵蚀了 1913.24 公顷和 1162.96 公顷，湖心区域在这 4 年一共扩张了 7333.31 公顷；2010~2013 年，东岸线和西岸线分别被侵蚀了 1457.18 公顷和 699.29 公顷，湖心区域在这 3 年一共扩张了 3132.72 公顷。

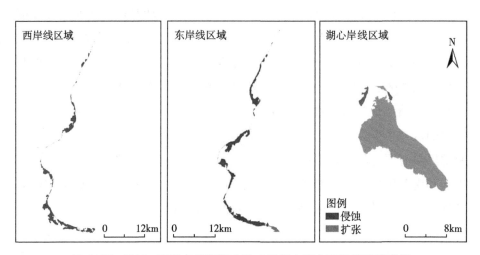

图 6-15　2003~2017 年鄱阳湖水陆交错带内部主要岸线陆地变化

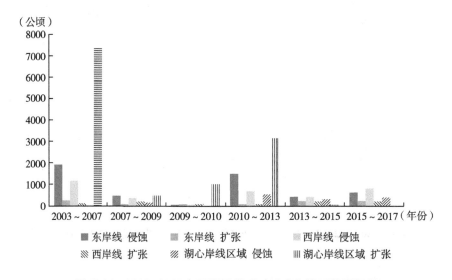

图 6-16　2003~2017 年不同阶段采砂活动集聚区域鄱阳湖

水陆交错侵蚀与扩张面积变化

2003～2017 年东岸线被侵蚀的面积大致是波动减少，2003～2007 年这 4 年是被侵蚀的高值，侵蚀面积最大，4 年一共被侵蚀了 1913.24 公顷，2007～2010 年侵蚀程度持续下降，下降至最低值 41.74 公顷/年，随后 2010 年后侵蚀面积不断增加，2010～2013 年被侵蚀 1457.18 公顷/年，2013 年后东岸线区域被侵蚀面积下降，变化相对稳定。从扩张情况上看，大致呈现的是先减少后增加的趋势，2003～2007 年的扩张率为 64.78 公顷/年，随后逐渐下降至 2010～2013 年的 10.53 公顷/年，又后增加至 2015～2017 年的 109.265 公顷/年。根据图 6-17 可知，东岸线绝大部分区

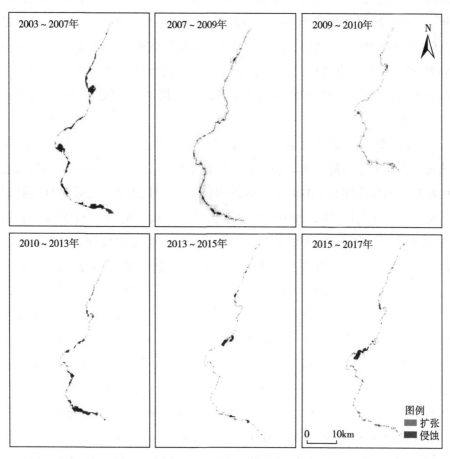

图 6-17　2003～2017 年鄱阳湖水陆交错带东岸线区域陆地变化

域都是呈现侵蚀状态，弯曲区域侵蚀最为明显，而扩张情况在东岸线的南部，该处靠近湖心区域。

西岸线被侵蚀的面积大致是波动减少的，2003~2007 年是侵蚀的高峰期，侵蚀率为 290.74 公顷/年，这四年一共被侵蚀了 1162.96 公顷，2007年后侵蚀率逐渐下降，2009~2010 年侵蚀率到达最低值，年侵蚀率为44.95 公顷/年，2010 年后侵蚀率呈现增长的趋势，2010~2013 年侵蚀率增加至 233.10 公顷/年，2013~2015 年和 2015~2017 年侵蚀率分别为199.59 公顷/年和 398.73 公顷/年。从扩张情况上看，大致呈现波动增加的趋势，且扩张面积小于东岸线，2003~2007 年的扩张率为 26.37 公顷/年，2007~2009 年的扩张率高达 106.3 公顷/年，2010~2013 年下降到最低值 21.17 公顷/年，随后增加至 2015~2017 年的 84.18 公顷/年。根据图6-18 可知，与东岸线相同，大部分区域都呈现侵蚀状态，弯曲区域侵蚀最为明显，而扩张情况零散分布在岸线的不同区域，并没有出现连续大面积的扩张区域。

2003~2017 年湖心区域侵蚀和扩张变化大致相反，扩张率在 2007 年达最大值后波动下降，而侵蚀率大致呈现增加趋势；2003~2007 年是湖心区域扩张的高峰期，4 年扩张的面积达到 7333.31 公顷，扩张率也达到最大值 1833.33 公顷/年，2007~2009 年扩张面积减少至 469.31 公顷，扩张率下降至 234.66 公顷/年，此后，湖心岸线区域扩张率反弹，扩张面积逐渐扩张，2009~2010 年仅仅一年时间扩张面积达到 994.56 公顷，扩张率也同样增加，2010~2013 年扩张面积达 3132.72 公顷，扩张率为 1044.24公顷/年，2013 年后扩张面积大幅度缩小，2013~2015 年扩张面积仅为43.44 公顷，扩张率仅为 21.72 公顷/年，2015~2017 年扩张面积为 31.21公顷，扩张率下降到最低值 15.61 公顷/年；湖心岸线区域侵蚀情况大致呈现波动增长趋势，2003~2007 年扩张面积为 31.11 公顷，2007~2009 年增加，扩张面积达到 159.55 公顷，随后下降至最低，2009~2010 年这一年仅仅被侵蚀 3.21 公顷，2010 年后扩张率提高，2010~2013 年扩张面积达 517.51 公顷，扩张率为 172.50 公顷/年，2013~2015 年扩张面积增加了

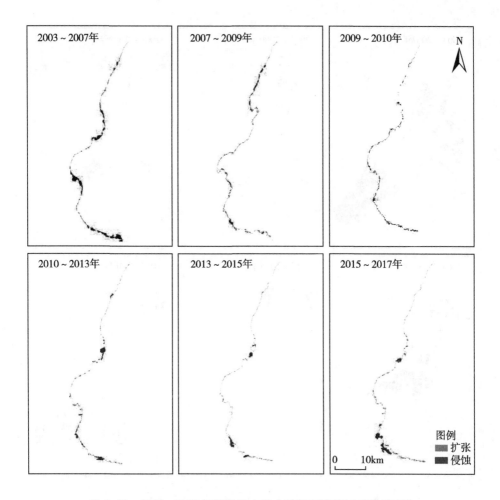

图 6-18　2003~2017 年鄱阳湖水陆交错带西岸线区域陆地变化

310.12 公顷，2015~2017 年扩张面积达 401.93 公顷，扩张率为 201.00 公顷/年，2013 年后湖心区域侵蚀面积和侵蚀率要高于扩张面积与扩张率，说明 2013 年后湖心岸线区域呈现侵蚀状态。根据图 6-19 可知，湖心大部分区域都呈现扩张状态，南部扩张最为明显，2003~2013 年湖心岸线南部大面积扩张，2013~2017 年呈现的是被侵蚀状态，侵蚀区域在湖心区域的北部。

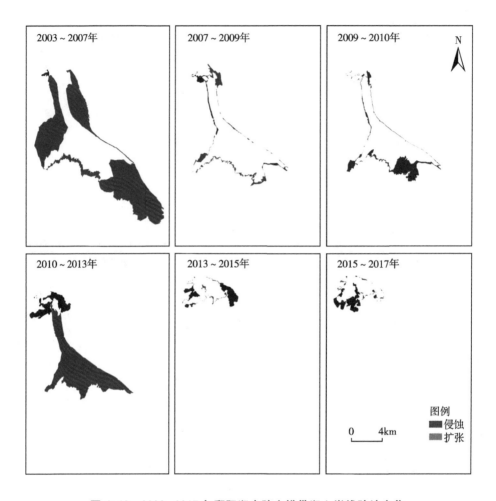

图 6-19 2003～2017 年鄱阳湖水陆交错带湖心岸线陆地变化

（三）内部主要岸线侵蚀与扩张的变化速率

基于 DSAS 数字岸线系统中终点变化速率（EPR）和线性回归变化速率（LRR）计算方法，分析 2003～2017 年鄱阳湖水陆交错带典型岸线的变化速率和空间分布情况（见图 6-20），结果采用平均值加减标准误的形式表示，因为平均值加减标准误能够准确地反映样本均数分布情况。

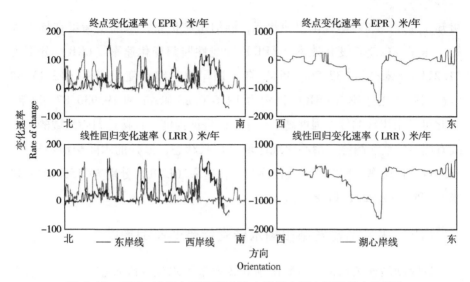

图 6-20　2003~2017 年鄱阳湖水陆交错带内部主要岸线变化速率

通过 ArcGIS 10.2 软件平台对主要岸线变化速率进行可视化，由图 6-21

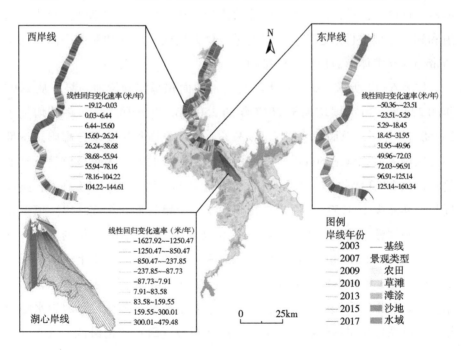

图 6-21　2003~2017 年鄱阳湖水陆交错带内部主要岸线时空变化

可知，东岸线和西岸线呈侵蚀状态，湖泊水域扩张，水陆交错带在该处收缩，东岸线的终点变化速率（EPR）和线性回归变化速率（LRR）分别为31.211.34米/年和32.201.36米/年，西岸线的终点变化速率（EPR）和线性回归变化速率（LRR）分别为19.640.83米/年和19.930.87米/年，由此可见东岸线的侵蚀强度高于西岸线的侵蚀强度，且接近湖心区域的东岸线有明显的淤涨趋势。湖心岸线区域呈扩张状态，该处的水陆交错带扩张，其终点变化速率（EPR）和线性回归变化速率（LRR）分别为−156.1818.14米/年和−154.9221.11米/年。

（四）采砂活动对鄱阳湖水陆交错带形态的影响

剔除湖泊连续水体，对鄱阳湖6.2米星子水位的陆地整体景观形态进行测算，能科学定量分析鄱阳湖水陆交错带形态的变化，其中通过对采砂船空间集聚情况分析，采砂船主要集中在入江通道和湖心区域，如图6-22所示，这两个区域的形态发生明显的改变，在整体分析的基础上对入江通道和湖心区域进行形态测算，以定量测算大规模采砂活动对鄱阳湖水陆交错带局部与整体形态所构成的影响。

如表6-12所示，鄱阳湖水陆交错带的面积呈波动增加趋势，从2003年的224968.20公顷增加至2017年的250436.33公顷，14年一共增加了25468.13公顷，总面积增加了11.32%，这部分面积主要来自鄱阳湖南部湖心区域大面积湿地的裸露；鄱阳湖水陆交错带的周长大致呈波动下降的趋势，从2003年的52571.31百米下降至2017年的44414.04百米，整体周长一共减少了8157.27百米。鄱阳湖水陆交错带形状指数（SI）值变化大体上呈缓慢下降的趋势，与周长变化相似，SI值从2003年的31.27下降至2007年的28.40，随后增加至2009年的30.08，2010年快速下降至25.76，2013年有小幅度的增加，随后缓慢下降至2017年的25.04，形状指数的降低说明鄱阳湖水陆交错带形状的复杂程度在降低；鄱阳湖水陆交错带分维系数也呈缓慢波动下降，与形状指数（SI）变化保持一致，分维系数从2003年的1.54最高值下降至2007年的1.52，随后2009年有小幅

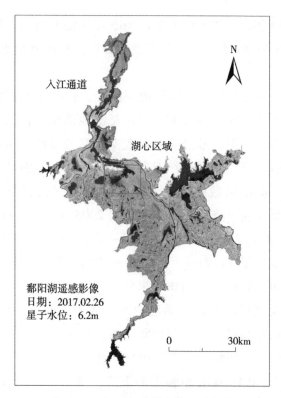

图 6-22 入江通道和湖心区域示意

资料来源：遥感影像源自美国地质调查局官网。

表 6-12 2003～2017 年鄱阳湖水陆交错带形态指数

年份	总体区域				入江通道				湖心区域			
	A(公顷)	P(百米)	SI	FD	A(公顷)	P(百米)	SI	FD	A(公顷)	P(百米)	SI	FD
2003	224968.20	52571.31	31.27	1.54	31441.33	3621.00	5.76	1.31	10208.15	1969.60	5.50	1.34
2007	233790.31	48673.90	28.40	1.52	29599.69	3781.20	6.20	1.33	13529.90	1943.55	4.71	1.30
2009	228423.35	50948.93	30.08	1.53	29362.10	3853.87	6.35	1.34	13127.90	2179.50	5.37	1.33
2010	240285.48	44757.95	25.76	1.50	29374.12	3805.90	6.27	1.33	14568.13	1918.69	4.49	1.29
2013	237799.72	49810.86	28.82	1.52	28525.57	4058.65	6.78	1.35	15291.99	2108.30	4.81	1.30
2015	241725.55	46843.77	26.88	1.51	28312.52	4030.07	6.76	1.35	14535.61	2423.54	5.67	1.33
2017	250436.33	44414.04	25.04	1.50	27760.50	4032.05	6.83	1.35	15887.74	2459.04	5.50	1.33

注：A 为面积（Area）、P 为周长（Perimeter）、SI 为形状指数（Shape Index）、FD 为分形维数（Fractal Dimension）。

度的增加，2010年发生较大的变化，2013年小幅度增加，2017年下降至1.50，这说明鄱阳湖水陆交错带形态变得齐整，几何形态变得简单，人类活动干扰明显。

入江通道和湖心区域集聚大量的采砂船，长时间大规模采砂活动必将对该区域形态产生深刻的影响，无论是湿地面积的扩张与萎缩，还是陆地岸线的前进或后退，都是对形态改变直观的反映。通过对两组数据进行测算和分析，可以发现入江通道处的湿地面积不断萎缩，其周长不断增加，相反，湖心区域的湿地面积不断扩张，周长呈波动上升趋势。入江通道面积呈快速下降趋势，其面积从2003年的31441.33公顷快速下降至2017年的27760.50公顷，面积一共减少了3680.83公顷，入江通道总面积共损失了11.71%，而入江通道的周长则是快速增加，周长的总长度从2003年的3621.00百米快速增加至2017年的4032.05百米，这是由于大规模的采砂活动侵蚀入江通道的湿地，导致面积萎缩，进而使得入江通道的岸线变得复杂和曲折，周长增加；入江通道形状指数变化呈上升趋势，形状指数发生明显变化，从2003年的5.76增加至2009年的6.35，2010年有小幅度的下降，随后不断增加至2017年的6.83，形状指数的增加说明了入江通道的形状复杂程度提高；入江通道的分形维数呈波动上升趋势，从2003年的1.31缓慢增加至2017年的1.35，中间有两个时间节点发生小幅度下降，入江通道的分形维数总体上是增加的，说明入江通道的相似性变差，形状变得复杂多样化。鄱阳湖水陆交错带湖心区域的面积大体上呈增长趋势，其面积从2003年的10208.15公顷扩张至2017年15887.74公顷，总面积一共增加5679.59公顷，增加的幅度高达55.64%，其周长变化则是先呈波动增加的趋势，周长从2003年的1969.60百米上升至2017年的2459.04百米，周长增加的幅度高达24.84%，而湖心区域形状指数和分形维数呈无规律的波动变化。

（五）小结

本书通过新型水体指数能够准确地提取鄱阳湖水陆交错带的岸线，鄱阳湖水陆交错带内部主要岸线总体长度呈现增长趋势，增长幅度为14.43%，2003~2017 年内部主要岸线一共增加了 36503.91 米，西岸线和东岸线长度分别增加了 36583.17 米和 39901.90 米，而湖心区域岸线长度快速萎缩，一共减少 39981.16 米，采砂活动直接影响了西岸线、东岸线和总体岸线的长度。

根据岸线提取结果和岸线摆动情况，可以测算出采砂活动集聚区域侵蚀和扩张的变迁情况。2003~2017 年东岸线的侵蚀面积和扩张面积分别达到 3905.90 公顷和 275.55 公顷，其侵蚀率和扩张率分别为 278.99 公顷/年和 19.68 公顷/年；西岸线的侵蚀面积和扩张面积分别达到 2922.72 公顷和 58.40 公顷，其侵蚀率和扩张率分别为 208.77 公顷/年和 4.17 公顷/年，湖心岸线区域一共扩张了 11078.16 公顷，侵蚀面积仅为 291.92 公顷，其侵蚀率和扩张率分别为 20.85 公顷/年和 791.30 公顷/年。这说明东岸线和西岸线呈现侵蚀状态，而且东岸线侵蚀程度要大于西岸线，采砂对东岸线的影响大于西岸线，而湖心区域是扩张的重点区域。基于DSAS 数字岸线系统中 EPR 和 LRR 计算方法，能够精确地测算鄱阳湖水陆交错带典型岸线的变化速率和空间分布情况，东岸线 EPR 和 LRR 变化速率分别为（31.21±1.34）米/年和（32.20±1.36）米/年，西岸线 EPR 和LRR 变化速率分别为（19.64±0.83）米/年和（19.93±0.87）米/年，由此可见东岸线的侵蚀强度高于西岸线，湖心区域的 EPR 和 LRR 变化速率为（−156.18±18.14）米/年和（−154.92±21.11）米/年，说明湖心区域呈扩张状态，湖泊水域萎缩，水陆交错带扩张。

从总体形态上看，鄱阳湖水陆交错带形状趋向简单化，相似性增强，入江通道形状复杂化程度提高，几何形态不规则，湖心区域的形态指数呈无规律的波动变化。

五、采砂活动及其他因素的影响

（一）采砂活动对鄱阳湖水陆交错带的影响

图 6-23 为鄱阳湖水陆交错带形态指数、景观格局指数和采砂活动之间相关性分析结果，其中采砂规模大小用采砂船数量进行表征。结果表明：采砂规模与鄱阳湖水陆交错带的形状指数和分形维数呈负相关，相关系数分别为-0.79 和-0.76（P 值为 0.05），采砂规模与入江通道的形状指数和分形维数呈正相关，相关系数分别为 0.82 和 0.80（P 值为 0.05），采砂规模与湖心区域的形状指数和分形维数呈正相关，相关系数为 0.19和 0.027，但未通过显著性检验，说明采砂活动对湖心区域的形态没有产生直接的影响。

在景观格局指数中，采砂活动与大部分景观格局指数的相关性较弱，但采砂规模与景观形状指数呈明显的正相关，相关系数为 0.80（P 值为0.05），通过显著性检验，这说明采砂活动与鄱阳湖水陆交错带整体的景观形状有着较强的相关性。大规模的采砂活动可能直接影响整体的景观形状，其对鄱阳湖水陆交错带的景观破碎度、集聚度和多样性的影响较弱。在采砂规模越大的情况下，鄱阳湖水陆交错带的整体形状复杂程度降低，几何形态逐渐简单，整体的景观形状复杂程度提高，而入江通道的形状复杂程度提高，几何形态变得不规则化。

大规模的采砂活动使得鄱阳湖入江水道产生两种明显的影响，从横向形态看，采砂活动使得入江通道的岸线被侵蚀，入江通道形状逐渐变得不光滑，形态变得更加复杂；从纵向形态看，鄱阳湖湖区大规模采砂导致入江通道下切严重，湖盆深度加深，增大了湖心区域到入江通道的平均比降，

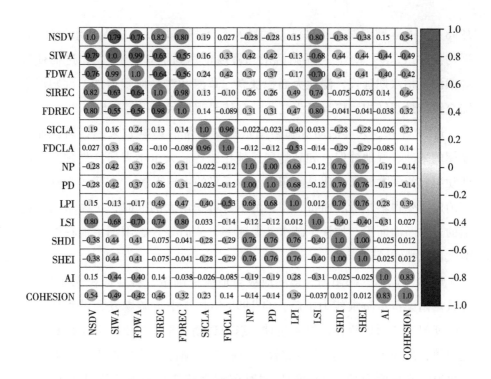

图 6-23 采砂活动与鄱阳湖水陆交错带景观格局指数及形态的相关系数

注：NSDV 为采砂船数量（Number of Sand Dredging Vessels）；SIWA 为整体区域形状指数（The Shape Index of Whole Area）；FDWA 为整体区域分形维数（The Fractal Dimension of Whole Area）；SIREC 为入江通道形状指数（The shape index of river entry channel）；FDREC 为入江通道分形维数（The Fractal Dimension of River Entry Channel）；SICLA 为湖心区域形状指数（The Shape Index of Central Lake Area）；FDCLA 为湖心区域分形维数（The Fractal Dimension of Central Lake Area）；NP 为斑块数量（Number of Patches）；PD 为斑块密度（Patch Density）；LPI 为最大斑块指数（Largest Patch Index）；LSI 为景观形状指数（Landscape Shape Index）；SHDI 为香农多样性指数（Shannon's Diversity Index）；SHEI 为香农均匀度指数（Shannon's Evenness Index）；AI 为集聚度（Aggregation Index）；COHESION 为凝聚度（Cohesion Index）。

造成枯水期水速增加，南部主湖区湖水大量外泄，入江水道水量暂时增多，湖心区域大面积湿地裸露，湖心岸线收缩，整体形态变化不规律[293-294]。此外，湖泊淹水范围的时空变化特征往往决定了鄱阳湖水陆交错带的景观结构与格局，也影响着其生态系统结构与功能，相关研究表明

1998~2010年鄱阳湖流域来沙量的减小和大规模采砂造成入江水道冲刷，平均侵蚀达3.69米[295]，而湖区平均侵蚀也达到了0.3米[296]，进而使得鄱阳湖区枯水期延长，湿地大面积裸露，草滩和滩涂面积增加，鄱阳湖水陆交错带景观结构和格局发生变化，整体景观形状变得复杂化。

近30年来，人类活动对鄱阳湖水陆交错带的影响越来越显著，如大规模的采砂、湿地被侵占和岛屿居民地扩张等。大量学者研究发现，采砂活动引起的湖盆地形变化是鄱阳湖水位下降的主导因素[99]。采砂活动导致湖泊岸线变得不光滑和曲折，使湖泊本身容积增大的同时，扩大了入江通道的过水断面面积，加快了湖水外泄速率，从而导致鄱阳湖湿地在枯水季节大面积裸露[50]。

1998年以前，鄱阳湖大量湿地被当地居民围垦，耕地面积无序扩张，导致鄱阳湖蓄水防洪能力下降，自1998年长江中下游爆发大洪水后，国务院就提出"封山育林，退耕还林，退田还湖，平垸行洪，以工代赈，移民建镇，加固干堤"的28字方针，政府禁止湖区内围湖造田，这限制了大量滩涂开垦为农田，围湖造田对鄱阳湖水陆交错带并未造成明显的影响。除了退田还湖，统一搬迁"双退""单退"圩堤中的所有居民，还要搬迁居住在黄海高程21米以下的滩地和分泄洪区中的60个村落，绝大部分生活在鄱阳湖内部岛屿上的居民迁移至城镇或者高地，这有效地减少了人类活动对鄱阳湖的影响。此外，鄱阳湖存在将湿地改造为人工网箱养殖区以及湖岛建筑用地扩张的现象，这导致少量滩涂湿地被侵占，总体来看，这些景观变化仅占鄱阳湖总面积的不到1%[100]，表明湿地被侵占对水陆交错带产生的干扰是微弱的，采砂活动是鄱阳湖水陆交错带景观格局和形态演变的主要驱动力。

（二）水文过程对鄱阳湖水陆交错带的影响

水文过程是决定水陆交错带景观类型形成与维持湿地过程最重要影响因素，其中水位变动是影响水陆交错带生态系统的关键因素。相关研究表明，鄱阳湖水位与水面面积呈显著线性相关，枯水期时，水位上升，鄱阳湖的淹水面积随之增加，但受鄱阳湖周边圩堤的影响，水位大于 15 米时，随着水位增加，水面面积增加很少[297]。

受季风气候的影响，鄱阳湖水位出现明显的年际变化，根据水位的高低，可划分为丰水期、枯水期和平水期，其中，丰水期的淹水面积较大，鄱阳湖的主要景观为水域，水文连通性好，湿地裸露少，水陆交错带会被掩盖；平水期的淹水面积与湿地裸露范围大致相当，水陆交错带的真实范围无法体现；枯水期的湿地裸露面积要大于水域，水陆交错带能够科学提取，并且水位越低，水陆交错带范围越大。鄱阳湖水陆交错带景观格局及形态受自然因素和人类活动共同影响，自然环境的影响往往是直接的，鄱阳湖流域降水量和长江流域径流量深刻影响着鄱阳湖的水位[298-299]。当水位升高时，尤其是受汛期洪水的影响，鄱阳湖的淹水面积会扩大，水陆交错带的真实范围会被淹没，湿地面积萎缩[300]，鄱阳湖水陆交错带景观格局和形态相应发生明显变化。

本书通过 1993～2020 年鄱阳湖丰水期、平水期、枯水期的淹水面积分析，发现星子水位与鄱阳湖的淹水面积存在很强的线性关系，如图 6-24

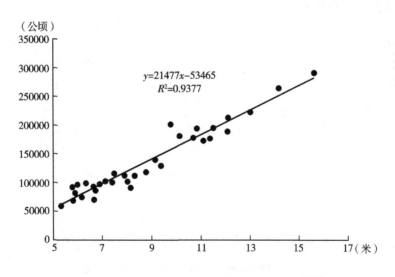

$$y=21477x-53465$$
$$R^2=0.9377$$

图 6-24　星子水位与鄱阳湖淹水面积的关系[301]

所示，当星子水位越高时，鄱阳湖的淹水面积越大，水陆交错带被湖水淹没的范围就越广，其裸露的面积越小。此外，齐述华等发现随水位的增加，鄱阳湖的草滩和软泥景观的总面积呈萎缩趋势，景观结构发生改变，两者的破碎度增加、连通性降低。草滩和软泥作为鄱阳湖水陆交错带的重要景观类型，因此，水位的变化必然会改变鄱阳湖水陆交错带的景观格局[148]。

为了尽可能地减小水位波动变化对实际结果的影响，本书统一采用星子水位6.2米极低水位值进行分析研究，该值是鄱阳湖极低水位值，比较接近最低水值，能够客观反映鄱阳湖水陆交错带的真实面积，并且在极枯水位（星子水位小于7米）内，鄱阳湖的淹水面积差异较小，所提取出来的水陆交错带范围可信度较高，如图6-25所示。在考虑鄱阳湖水位年际波动较大的情况下，通过对2003~2017年星子水位逐日数据进行分析，如图6-25所示，在该时间尺度内鄱阳湖水位变化比较稳定，并没有出现大幅度的波动，故所选取的时间尺度较为合理。此外，选择相同水位还需要考虑退水期和涨水期情况，一般情况下相同水位的涨水期会比退水期淹水范围稍大，本书所选的星子水位6.2米基本处在退水期内，这能够减小相同水位淹水范围的差异。

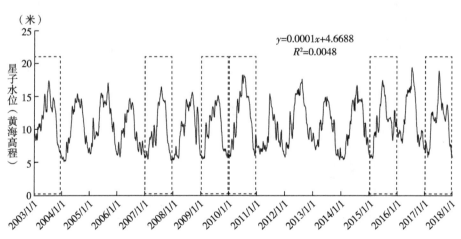

图6-25 2003~2018年鄱阳湖星子水位波动变化

资料来源：江西省水文局的星子水文站。

（三）水沙特征对鄱阳湖水陆交错带的影响

根据湖口水文站和五河水文站（外洲、李家渡、梅港、虎山和万家埠）的输沙量数据，可测算出鄱阳湖泥沙冲淤过程，如图 6-26 所示。1956 ~ 2016 年鄱阳湖总体上呈现淤积状态，其中 1969 年、1972 年和 1978 年出现明显的淤积，根据统计数据分析，1956 ~ 2016 年鄱阳湖沉积的泥沙总量达到 259.27 万吨，平均淤积量为 5.89 万吨/年。2000 年后五河输沙量大致呈下降趋势，湖口输沙量超过五河输沙量，湖口输沙量显著增加，鄱阳湖转变为冲刷状态，这就说明 2003 ~ 2016 年鄱阳湖水陆交错带面积的增加，尤其是湖心区域的大面积裸露，并不是主要受五河入湖泥沙淤积所导致的，而是大规模的采砂活动导致入江通道深度宽度的增加，库容量的提高，南部主湖区湖水大量外泄，入江水道水量暂时增多，使得湖心区域大面积湿地裸露。

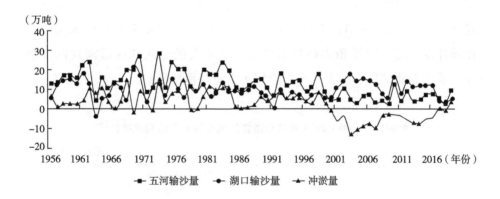

图 6-26 1956 ~ 2019 年鄱阳湖泥沙冲淤过程[302-303]

2003 ~ 2016 年鄱阳湖五河入湖输沙量小于湖口输沙量，说明研究期间鄱阳湖整体处于冲刷阶段，随后发生轻微的淤积，但不影响整体结论。通过《长江泥沙公报》记载，鄱阳湖 2017 年采砂量达到 3190 万吨，远远大于入湖和出湖泥沙的盈亏[300]。吴桂平等学者利用鄱阳湖湖区的水下实测地形数据分析，发现 1998～2010 年，松山湖以北的入江通道和赣江下游河段的冲刷明显，而且冲刷量高达-6.43 亿立方米，高程平均下降了-3.69 米，冲刷速率达 30.75 厘米/年[295]。

上述对 1956～2019 年鄱阳湖泥沙冲淤过程进行分析，能得到鄱阳湖总体冲淤规律，这并不能说明鄱阳湖内部的冲淤空间差异状况。为了更好地分析湖心区域大面积裸露是否与泥沙淤积存在联系，本部分通过分析 1998 年、2010 年和 2020 年湖盆典型断面监测数据，综合前人研究成果，分析鄱阳湖局部的冲淤变化特征及变化趋势，并且重点关注湖心区域的变化情况。通过对比 1998～2010 年及 2010～2020 年高程为 15 米以下的湖盆区域平均淤积和下切程度，对鄱阳湖各区域冲淤程度趋势进行分析，如表 6-13 所示。1998～2020 年入江通道始终处于冲刷阶段，冲刷速率逐渐放缓；湖盆中部区（湖心区域）从淤积转为冲刷，并且维持比较稳定的趋势，该区域总体呈下切态势，具体表现为槽冲滩淤状态，下切主要发生在松门山至棠荫一线，其余区域呈淤积状态，若除去采砂活动的影响，湖盆中部区平均下切 0.05 米，下切速率达到 0.005 米/年[303]，这说明湖心区域大面积湿地裸露，受泥沙淤积影响较为微弱，更主要的是入江通道湖盆深度加深，鄱阳湖北部库容加大，南部的湖水大量外泄所导致。

表 6-13　1998～2020 年鄱阳湖各区域平均和下切程度统计[303]

单位：米/秒

区域	淤积（+）/下切（-）	
	1998～2010 年	2010～2020 年
入江通道	-0.09	-0.06
赣江—修水汇合口区	-0.02	-0.02
湖盆东北部区域	-0.005	+0.003
湖盆中部区（湖心区域）	+0.01	-0.005
湖盆南部区	-0.02	+0.03
青岚湖下游区	-0.02	+0.04

根据图 6-27 可知，湖口水道径流量最大，与五河径流量波动变化一致，无明显的规律变化，其线性趋势线为 $y=48.936x+1118.7$，$R^2=0.25$，并且通过皮尔逊相关系数分析五河和湖口水道年径流量与鄱阳湖水陆交错带景观格局和形态的相关性，发现径流量与鄱阳湖水陆交错带景观指数及形态不具备相关性，这说明湖口和五河径流量的变化并未对鄱阳湖水陆交错带形态和景观格局造成影响。

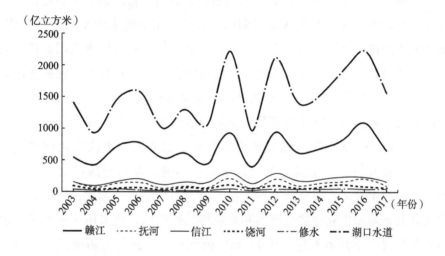

图 6-27　2003～2017 年五河及湖口水道年径流量的变化趋势

资料来源：《长江泥沙公报》。

（四）小结

本书通过皮尔逊相关系数方法定量分析采砂活动对鄱阳湖水陆交错带景观格局与形态的影响，此外，探讨了水文情势对鄱阳湖水陆交错带造成的影响，使得总体结论更为科学和更具说服力。

在采砂规模越大的情况下，鄱阳湖水陆交错带的整体形状复杂程度降低，几何形态逐渐简单，而入江通道的形状复杂程度提高，几何形态变得不规则化，整体的景观形状复杂性变大。大规模的采砂活动使得鄱阳湖入江水道产生两种明显的影响，从横向形态看，采砂活动使得入江通道的岸线被侵蚀，使得入江通道形状逐渐变得不光滑，形态变得更加复杂；从纵向形态看，鄱阳湖湖区大量人工采砂导致入江通道下切严重，湖盆深度加深，增大了湖心区域到入江通道的平均比降，造成枯水期水速增加，南部主湖区湖水大量外泄，入江水道水量暂时增多，使得湖心区域大面积湿地裸露，湖心区域岸线收缩，整体形态变化不规律。

1998年长江中下游地区爆发大洪水后，政府严格限制了围湖造田，无序侵占湿地的行为，农业活动对鄱阳湖水陆交错带的影响变得十分微弱。虽然鄱阳湖存在将湿地改造为人工网箱养殖区，以及湖岛建筑用地扩张的现象，这导致少量滩涂湿地被侵占，但总体上，这些景观变化仅占鄱阳湖总面积不到1%[100]，表明湿地被侵占对水陆交错带产生的干扰是微弱的，采砂活动是鄱阳湖水陆交错带景观格局和形态变化的主要驱动力。

自然因素对鄱阳湖水陆交错带的影响，主要选取水位变化和水沙条件。当水位升高时，尤其是受汛期洪水的影响，鄱阳湖的淹水面积会扩大，水陆交错带的真实范围会被淹没，湿地面积萎缩。因此，为了减小水位波动对鄱阳湖水陆交错带形态和景观格局的影响，故采用统一的星子水位6.2米（上下波动不超过0.44米）极低水位值进行分析研究，该值是鄱阳湖极低水位值，比较接近最低水位，能够客观反映鄱阳湖水陆交错带的真实面积。

根据湖口水文站和五河水文站的输沙量数据，可测算出鄱阳湖泥沙冲淤过程，2000年后五河输沙量大致呈下降趋势，湖口输沙量超过五河输沙量，湖口输沙量显著增加，鄱阳湖转变为冲刷状态，这就说明2003~2017年鄱阳湖水陆交错带面积的增加，尤其是湖心区域的大面积裸露，受泥沙淤积影响较弱，更主要的是采砂活动导致入江通道湖盆深度加深，鄱阳湖北部库容加大，南部的湖水大量外泄所导致。

第七章

鄱阳湖水陆交错带湖岛型聚落
空间形态特征

一、研究背景与目的

党和国家十分重视推进乡村振兴战略的实施和"统筹山水林田湖草系统治理"，鄱阳湖水陆交错带是典型的"山水林田湖草共同体"，其经过长期的发展形成了大量的乡（镇）、村等聚落景观。乡村振兴战略的实施对聚落空间的营造起到极大的推进作用，但由于水陆交错带是洪涝灾害的多发地，生存环境较为恶劣，该区域的聚落发展并没有得到实质性的提升，人口空心化问题日益突出，聚落空间逐渐走向衰败，湖岛聚落濒临消亡[12]。

聚落作为人类活动的主要场所之一，是自然条件和社会环境的综合反映。聚落研究是人地关系地域研究的重要领域，是全球变化过程中自然与人文交叉影响最为密切的问题之一[56-57]。乡村聚落形态是指乡村聚落的平面展布方式，受气候、地形、地质构造、水文条件等影响，其形成与发展和一定时期的社会生产力和发展阶段密切相关[58]。聚落是地理学、建筑学和城乡规划学等学科领域共同的研究对象[59]，并且国内外学者对聚落空间形态做了大量有益的探讨，在实际对聚落的规划设计和保护中，我们更需要关注的是聚落原有的空间形态，其自然生长的过程更多体现的是内生性，是"自下而上"的组织变化。聚落空间形态是地域文脉的物质载体，原有的聚落空间形态是规划的基础，深刻理解与把握聚落自然生长的形态是规划的必要前提条件[60]。此外，在实际的研究与规划中对过渡性地带聚落的关注较少，尤其是水陆交错带上的湖岛型聚落。

鄱阳湖水陆交错带是过渡性地理空间的典型代表，是"江—河—湖"高质量发展和治理的关键地带，其表现出典型的水陆相生态系统特征。建设鄱阳湖生态经济区是国家战略[9]，鄱阳湖又是流域高质量发展和生态文明样板打造的重点区域，而鄱阳湖水陆交错带则是该区域的最核心部分，是一个典型的山水林田湖草生命共同体[10]。在鄱阳湖水陆交错带上的聚落是先民与水患长期博弈形成的，属于典型的湖岛水乡聚落，通过聚落分析可以透视渔民生计方式的变更与发展，体现了渔民对当地环境的适应与改造，这种独特的人居环境营造是过渡性地理空间地域文化的典型代表，是人类智慧的结晶。

根据《江西省国土空间总体规划（2021—2035 年）》的规划内容要求，鄱阳湖水陆交错带湖岛型聚落空间形态的划分和优化设计是大湖流域乡镇空间合理协调布局的基础性条件，对于大湖流域国土空间整体保护与合理开发具有指导作用，为实现生态、农业和聚落空间合理布局，打造鄱阳湖山水林田湖草沙一体保护和修复区起着添砖加瓦的作用，这有利于分类划定湖岛内历史文化街区和传统聚落的历史文化保护线，既保护了特色地域文化，又塑造了魅力空间和良好协调的人居环境[44]。为此，本书通过谷歌卫星遥感影像对鄱阳湖水陆交错带内的聚落空间肌理进行矢量化，运用浦氏方法对聚落边界进行科学提取，并运用分形几何学方法对聚落空间形态进行系统分析，归纳总结划分空间形态类型，并探讨总体的用地结构特征，在深入的实地调研中发现聚落空间存在的问题，最后为鄱阳湖水陆交错带的聚落提出空间优化建议，为村庄的规划与保护提供参考。

二、研究方法

（一）研究区概况

鄱阳湖水陆交错带是指最高水位与最低水位线之间的部分[51]，是水生生态系统与陆地生态系统的交会带，具有保护、连接、缓冲等生态功能[53]。由于鄱阳湖水位变动特别大，淹水面积也出现明显的年际变化：在枯水期，鄱阳湖的水位低，大面积的湿地裸露，湖岛与陆地连接，与外界的道路可以通行；在丰水期，鄱阳湖水位迅速上涨，湖岛四面环水，与外界交流相对困难，呈现孤立的状态。

鄱阳湖水陆交错带保存了较为完整的传统聚落的湖岛共有9个。这9个湖岛分别是荷溪岛、吴城岛、南矶山岛、棠荫岛、莲湖岛、下山岛、长山岛、松门山岛和马鞍岛。从行政功能角度看，莲湖岛、吴城岛和南矶山岛均是乡镇级政府所在地，聚落规模较大、公共基础设施完善、人口数量多，其余6个湖岛均为村委会所在地，其中松门山岛和荷溪岛隶属吴城镇管辖，棠荫岛属于周溪镇管辖，长山岛和下山岛则属于双港镇管辖，马鞍岛属于苏山乡管辖。从湖岛与陆地距离上看，可把9个湖岛分为边缘型湖岛和内部型湖岛（见表7-1），其中吴城岛、莲湖岛和马鞍岛属于边缘型湖岛，其余6个则是内部型湖岛，边缘型湖岛位于湖泊较为边缘的位置，与陆地较为接近，可达性好，而内部型湖岛深居湖泊内部，湖岛面积较小，与陆地距离较远，与外界交流主要靠船只，可达性差。

表 7-1　湖岛型聚落基本状况

湖岛类型	名称	行政区	聚落名称
边缘型	吴城岛	永修县吴城镇	八门村、八字墙、边山村、草岔洼、程家山、大同村、丁山村、后山、老屋村、牌头脚、前山吴家、陶家堪、吴城镇区、五门村、西垄口、熊家、燕窝村、杨家村、园林场
	莲湖岛	鄱阳县莲湖乡	爱民—美林村、表恩村、窑头、大霞—孙坊村、高桥村、茭溪村、金山岸村、莲池—毛家村、莲华村、莲青村、龙口村、毛家垄、年丰村、三汲坊村、塔李—程家村、团山、瓦屑坝村、下岸村、向阳村、裕丰村、莲湖—波丰村、邹家
	马鞍岛	都昌县苏山乡	戴家村、邓家村、高家村、胡广志、胡四舍、马安村、吴家咀、吴兴里
内部型	荷溪岛	永修县吴城镇	荷溪村
	松门山岛	永修县吴城镇	东湾村、甘东村、甘西村、江家、上边村、松峰村、松门村、谭家、新曾村、新何村
	南矶山岛	新建区南矶乡	朝阳村、穿盔甲、东谢、红卫村、万家头、魏家、向阳村
	棠荫岛	都昌县周溪镇	棠荫村
	长山岛	鄱阳湖双港镇	长山村
	下山岛	鄱阳湖双港镇	下山村

注：爱民—美林村包括爱民村、刘家村、下岸新村、美林村；大霞—孙坊村包括大霞村、孙坊村；莲池—毛家村包括莲池村、慕礼村、联合村、莲丰村、毛家村；塔李—程家村包括塔李村、南培村、程家村；莲湖—波丰村包括莲湖村、山背村、波湖村、朱家村、蠡滨村、波丰村。

（二）研究方法

利用 ArcGIS 10.2 构建鄱阳湖水陆交错带聚落空间信息库，通过实地调研获取的信息和 Google Earth 高分辨遥感影像为基础数据，并运用 Auto-CAD 绘制聚落空间肌理。

1. 浦氏方法

科学提取聚落闭合边界是量化聚落形态的前提条件，浦欣成借鉴王昀对个人之间距离关系的研究成果，提出乡村聚落 3 种不同虚边界的界定方法[304]。本书根据浦氏方法，综合考虑鄱阳湖的实际情况，以"互相认识域"内"近接相"范围（37 米）与"远方向"范围（720 米）的分界点

7米为小边界尺度，在"识别域"内"近接相"范围（2035米）中选取
30米作为中边界尺度，以社会性视域的最高限100米作为大边界的尺
度[305]。采用Rhinoceros平台上的Grasshopper构建电池图提取聚落边界，
如图7-1所示，在实际分析中，7米聚落边界显得破碎复杂，100米聚落边
界容易忽略整体形态特征，而30米能最大限度体现聚落的形态特征。

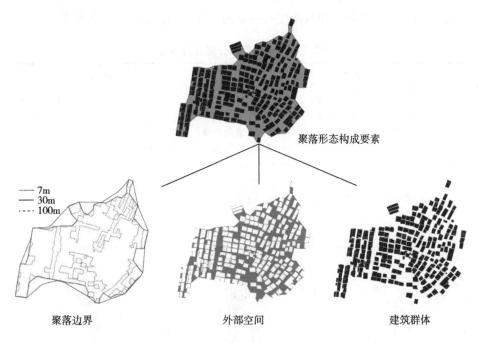

图7-1　聚落形态构成与边界提取

2. 分形几何学

采用30米闭合边界作为聚落边界，依据分形几何学的方法[306] 构建
聚落形态分类测算指标，如表7-2所示。可将鄱阳湖水陆交错带的聚落类
型分为团状型、带状型、指状型（见图7-2）。①团状型。可细分为团状
聚落和带状倾向的团状聚落，这种聚落规模一般较小，建筑密度较高，排
序较为有规律，街道是建筑组群的生长"骨架"，主要分布在面积较小的
湖岛，并且地形平坦开阔，聚落周围大多被耕地所包围。②带状型。一般
是由湖岛边缘的渔民整体搬迁至湖岛内部所形成的特有形态，经过有目的

统一规划和修建，住宅相互连接且呈纵向排列，聚落形态呈长条形，建成的年份较新，建筑物高度一致，大多为一层建筑。③指状型。可细分为团状倾向的指状形聚落、指状聚落和带状倾向的指状聚落3种类型，该类型聚落规模大，建筑组群形态受台地走向控制，最大限度地适应当地自然地形，并沿道路延展，街道空间宽窄变化有序，上下启程转折自然[307]，住宅井然有序地分布在道路两侧，建筑高度有一定的差异，村落之间的边界模糊。

表 7-2　聚落形态分形几何方法

指标名称	指标解释	公式算法	指标分级
长宽比	聚落平面形态的长宽比例，可定量测算聚落的基本形态和发展趋势	$\lambda = \dfrac{A}{B}$ A：聚落长度的长轴 B：聚落长度的短轴	$\lambda=2$ 为临界值，大于2.0的，聚落边界为带状；小于1.5的，聚落为团状；数值在1.5~2.0，则为带状倾向的团状
形状指数	聚落边界形态凹凸程度	$S = \dfrac{P}{(1.5\lambda - \sqrt{\lambda} + 1.5)}\sqrt{\dfrac{\lambda}{\pi A}}$ P：聚落边界周长 A：聚落边界面积	当 $S \geqslant 2$ 时，聚落为指状

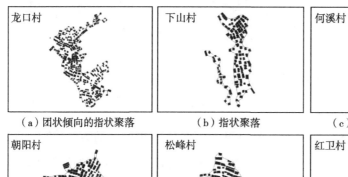
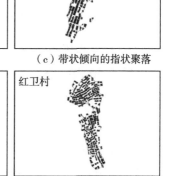

（a）团状倾向的指状聚落	（b）指状聚落	（c）带状倾向的指状聚落
（d）团状聚落	（e）带状倾向的团状聚落	（f）带状聚落

图 7-2　鄱阳湖水陆交错带不同类型聚落典型代表

三、聚落形态特征

鄱阳湖水陆交错带的 70 个聚落类型主要为指状型和团状型，带状型数量最少。边缘型湖岛聚落数量多，规模也较大，形态特征较为多样。其中，吴城岛上共有 19 个相互独立、不同规模形态的聚落，北部为单个大型团状倾向的指状聚落（吴城镇区），其余 18 个大多为规模较小的团状型聚落且分散于湖岛的南部。莲湖岛的聚落形态较为统一，除团山和毛家垄为团状聚类外，其余 20 个聚落均为指状型聚落，聚落之间通过道路串联起来形成一个规模较大的聚落，聚落之间连通性较强，村与村之间的边界模糊，聚落呈条指状分布，道路与聚落、农田进行串联。马鞍岛共有 8 个小聚落，大部分为团状聚落（见表 7-3）。

表 7-3　鄱阳湖水陆交错带聚落形态类型

S	λ	聚落类型	聚落名称
S≥2	λ<1.5	团状倾向的指状聚落	棠荫村、表恩村、大霞—孙坊村、高桥村、金山岸村、莲青村、龙口村、塔李—程家村、瓦屑坝村、裕丰村、莲湖—波丰村、马安村、万家头、松门村、大同村、吴城镇区、园林场、长山村
	1.5≤λ<2.0	指状聚落	爱民—美林村、窑头、年丰村、谭家、向阳村（莲湖）、陶家堪、西垄口、下山村
	λ≥2.0	带状倾向的指状聚落	荷溪村、茭溪村、莲池—毛家村、莲华村、三汲坊村、下岸村、邹家、高家村、新曾村
S<2	λ<1.5	团状聚落	毛家垄、团山、戴家村、邓家村、胡广志、吴家咀、吴兴里、朝阳村、穿盔甲、东谢、魏家、向阳村、甘东村、甘西村、江家、上边村、八门村、程家山、后山、前山吴家、五门村、燕窝村

S	λ	聚落类型	聚落名称
S<2	1.5≤λ<2.0	带状倾向的团状聚落	东湾村、松峰村、八字墙、边山村、丁山村、老屋村、牌头脚
	λ≥2.0	带状聚落	胡四舍、红卫村、新何村、草岔洼、熊家、杨家村

内部型湖岛的聚落数量少、规模较小,以团状型为主,聚落形态较为统一。松门山岛共有 10 个聚落,各个聚落距离较远,空间分布上较为分散,形态为规模较小的团状型。荷溪村聚落肌理十分规则,建筑组群呈带状倾向的指状聚落。棠荫村、下山村和长山村均为小型湖岛,独特的地理位置和地形地貌深刻塑造了别具一格的聚落形态,建筑组群围绕在山丘脚下的缓坡修建而成,形成独特的指状聚落。南矶乡有 7 个聚落,空间形态以团状为主,聚落规模大致相当,分布区域较为协调均匀,建筑物密度较高。

四、聚落用地结构特征

(一) 山林—聚落模式

山林—聚落模式主要分布在内部小型湖岛的渔村上,小型湖岛上有较高的山丘,地势起伏较大,湖岛上不适合开垦耕地,当地渔民顺应地势,聚落建于山丘的缓坡,即湖岛边缘。由于岛上土地资源匮乏,所以当地居民非常珍惜和节约土地,充分利用土地资源,居民楼相隔空隙少,聚落建筑物十分密集,聚落呈现条带状分布。渔民选择居住环境时,以达到“藏风聚气”为目标,体现了传统汉族聚落“背山面水”的天人合一的居住模式,同时渔民对自然亲近有别,居住空间无限地接近自然,并且敬畏自然,不随意破坏山林,把山林当作“风水林”进行保护,营造良好居住环境，人与自然和谐相处。

（二）聚落—农田模式

聚落—农田模式分布在平坦开阔、地形起伏较小的湖岛上，岛上聚落与农田并存，聚落和农田有序分布，聚落斑块均匀分布在湖岛中部的各个方向，当地居民为集约利用土地资源，住宅在地势稍高的区域集聚，耕地则环绕在聚落四周，这种模式的主要作用：一是利于聚落排水能有效应对洪涝灾害；二是能节约出更多的土地进行耕作；三是注重渔民与耕地的可达性，方便有效地管理耕地。这种用地结构模式充分反映了农耕文化对聚落选址与农业生产布局产生深刻的影响，体现渔民珍惜土地资源，倡导节用，农田的分布严格遵循农业生产活动的空间秩序，注重居住空间、农业生产与自然环境和谐统一。

（三）山林—聚落—农田模式

山林—聚落—农田模式的湖岛面积较大，地形有一定起伏，岛上有山丘，山丘上有"风水林"，山林能为当地渔民提供所必需的生态资源以及缓冲作用，当地渔民择居是顺应地势和坡度，为适应环境择高而居，聚落修建在地势稍高的缓坡上，有利于排水，合理规划地形，避免湖区内洪涝灾害破坏居住空间，而低洼肥沃的平地开垦为农田，能对洪水期鄱阳湖水位上涨起到缓冲作用。

（四）聚落—林地—农田—坑塘模式

聚落—林地—农田—坑塘模式主要分布在面积大的湖岛，零星的山丘不规则分布在岛上，地势较高且顶部较缓的台地呈指状分布，台地利于排水，适合聚落发展，聚落和主要道路的修建顺应台地走向，横街和纵街骨架呈"树枝状"展布，道路是聚落的"骨架"，把聚落连接成一个完整的有机整体，聚落下有一定坡度的地带种植山林。岛上林地的主要作用：一是利于保持水土；二是减少风速；三是提供木材资源。平坦开阔的区域开垦为农田，台地之间低洼地带利用丰水期水位上涨，修建坑塘，进行渔业养殖或种植莲藕。这种用地结构模式顺应了地形地势和水位波动变化的自然规律，合理地改造"三生"空间，主动营造良好的生产生活环境，达到趋利避害的效果，营造了"天时地利人和"的聚落生存模式（见表7-4）。

表 7-4　鄱阳湖水陆交错带聚落用地结构模式

模式	特征	典型代表	图片
山林—聚落模式	聚落建于山丘的缓坡，山林分布在山丘顶部和陡坡，土地资源匮乏，无耕地	长山岛下山岛	聚落　山林　聚落
聚落—农田模式	聚落和农田有序分布，聚落在地势稍高的区域集聚，耕地则环绕在聚落四周	荷溪岛南矶山岛松门山岛	农田　聚落　农田
山林—聚落—农田模式	山丘高处为林地，稍高缓坡修建聚落，低洼肥沃的平地开垦为农田	吴城岛棠荫岛	农田　聚落　山林　聚落　农田
聚落—林地—农田—坑塘模式	聚落和道路的修建顺应台地走向呈"树枝状"展布，陡坡地带种植山林，平坦开阔的区域开垦为农田，台地之间低洼地带修建坑塘	莲湖岛马鞍岛	聚落　林地　农田　坑塘

五、存在问题

（一）人口空心化，生活空间空置化

近年来，由于城镇化的快速发展，为期10年的"禁渔"政策的实施导致在湖岛靠捕鱼为生的渔民转产转业，放弃传统的生计方式，湖区内大量的渔民离开故土，极少数渔民从事农业种植留在聚落里。典型的渔村现在已经是"人去楼空"，尤其是深居湖泊内部的湖岛，如松门山岛、荷溪岛、棠荫岛、长山岛和下山岛。这些聚落由于鄱阳湖的物理阻隔，对外交流困难，可达性极差，出行的交通工具是小型船只，受外界干扰较小；并且这些小型湖岛上的资源相对匮乏，渔民生计方式单一，收入来源主要依靠捕鱼，一旦这种生计方式被禁止，岛上的渔民便失去谋生手段[51]，离开湖岛，去城市谋生，原有的生活空间便无人居住，生活功能空置化，许多住宅年久失修，出现不同程度的损坏甚至倒塌，部分聚落逐渐淹没在蔓延生长的树林里，典型的渔村聚落风貌日渐凋零。

（二）建筑风格不协调，建筑高度不统一

湖岛上的聚落经过长时间的发展，传统和现代建筑风格混合，传统渔村建筑与现代化住宅差异较大，建筑色调不统一、聚落景观不协调，使得整体协调的聚落风貌受损。从建筑空间组合结构上看，传统的渔村建筑的空间结构呈横向发展，多为单层建筑，基本的建筑空间结构由主房和庭院组成，追求的是活动空间的开阔性，而现代住宅的空间结构呈垂直纵向发展，建筑高度较高，住宅为多层建筑，追求的是现代舒适性。从建筑用材上看，传统渔村多采用木材、青砖和黑瓦，建筑色调以灰白色为主，而现代建筑采用钢筋混凝土修建，外墙贴着各种颜色的瓷砖，建筑色调五彩缤纷，新旧建筑色调极其不协调。

（三）聚落基础设施不完善，公共空间不足

大部分聚落基础设施有明显的短板，公共空间不足，尤其是深居湖泊内部的聚落。首先，同一湖岛上聚落与聚落之间的交通路网不完善，严重降低当地村民出行的意愿，以及影响聚落与外界交流的可达性。其次，基本的医疗和教育设施在空间上分布不平衡，而且数量也存在明显短缺，尤其是学校，适龄的儿童为上学需要在距离较远的外地接受教育。此外，公

共空间严重缺乏，公共空间在日常生活中是村民活动和举行民俗活动的重要场所[308]，在特殊时期可以充当公共应急空间，鄱阳湖自然灾害频发，当面临极端天气时，如鄱阳湖发生大洪水，聚落就显得十分脆弱，当地村民的公共应急空间格外重要。

（四）湿地被侵占，"生态"空间受损

鄱阳湖水陆交错带是过渡性地理空间，生态功能突出，而且该区域生态环境较为脆弱和敏感，水陆交错带上的湖岛存在住宅乱建行为，大量建设工程的施工直接破坏了该地区的生态安全，农户侵占湿地时有发生，大规模把湿地开垦为耕地，导致湿地涵养水源功能受损，同时也侵占了候鸟的生存空间。

六、湖岛型聚落空间优化建议

（一）妥善安置渔民，缓解聚落空心化

乡村振兴，关键在于能留住人。鄱阳湖为期10年的"禁渔"政策在保护了湖泊内生物多样性和恢复渔业资源的同时，也改变了水陆交错带内渔民的生计方式，使得大批渔民离开渔村，加速了湖岛渔村聚落空心化。人口大量流失，聚落空心化程度加重，水陆交错带的特色渔村数量逐年减少。由于湖岛分为边缘型和内部型，不同类型湖岛上的聚落需分开统筹管理，这就需要根据实际情况进行优化。

边缘型湖岛位于湖泊边缘，面积相对较大，又为乡镇中心所在地（吴城镇和莲湖乡），聚落规模较大，渔民数量较多。由于该类型湖岛城镇化水平相对较高，当地耕地资源丰富，渔民的生计方式多样，人口空心化程

度低，这就需要积极引导渔民转产转业，逐步实现岛内职业渔民生计转型。

对于内部型湖岛，松门山、荷溪村、棠荫村、长山村和下山村这些聚落规模较小，当地渔村耕地资源缺乏甚至没有耕地，这里的渔民生计资本严重不足，生计方式单一，主要依靠捕鱼谋生，而且这里的渔民群体以中老年人居多，生计资本不足。这就需要尊重渔民的意愿和就业市场的需求，政府积极对渔民进行多元化的技能培训，合理地安置渔民的就业。此外充分利用当地的渔业文化资源，创立特色休闲渔业，如农家乐、户外越野基地和"三渔"文化研学基地等，吸纳渔民留在渔村就业，缓解渔村人口空心化。这样既能使鄱阳湖鱼类休养生息，维护当地生物多样性，又能使渔民留在故土生活，减少人口流失，提升生计资本，使得渔村有"人气"，以达到振兴渔村"生活"空间的目的。

（二）优化聚落的空间肌理

通过分形几何学方法对聚落进行分类，对于不同类型聚落的空间肌理优化策略有所不同，根据实地调研与渔民访谈，获取对不同聚落的功能与空间认知，可科学地优化聚落建筑组群的空间布局和保护地域特色文化。①团状型聚落。团状聚落规模虽然小，但建筑密度较高、整体的紧凑度高，在优化过程中需要优先保护内部的历史和文化空间，注重聚落原始的空间肌理的营造，遏制民居建筑随意向不同方向蔓延，避免破坏团状渔村特色文化内核。②带状型聚落。该类型的聚落经过统一规划设计形成，居民楼和街巷井然有序，在保护好聚落内部肌理核的前提下，有条件地对聚落边缘集中布局，提升整体的紧凑度。③指状型聚落。首先要对渔村的宗祠、庙宇和古树等精神文化实体进行单独保护，这是维系渔民的精神寄托和纽带；其次要强化聚落分支与主轴的连接，对聚落空间进行有效的整合。

（三）分类指导，合理规划

鄱阳湖水陆交错带内的聚落形态多样，在功能结构上又可分为渔村、圩村、特色村落、旅游小镇、乡镇聚落等，不同类型的聚落需要分类指导，合理规划空间用地，以达到渔村振兴的效果。根据《乡村振兴战略规划（2018—2022年）》分类推进乡村发展的要求，根据可达性、山水资源、聚落周边可拓展用地、发展意向、人文资源、聚落形态、农业生产条件及旅游项目等指标评估村庄发展潜力[309]。同时结合聚落空间分区差异与村庄分类引导相结合，科学识别每个聚落的生存模式、特色风貌和发展前景，考虑到边缘型湖岛与内部型湖岛上的聚落存在明显的差异化，进而明确保护与活化、开发与提升、一般性村庄，根据聚落的实际发展需求进行科学的规划与保护[310]。

选取聚落规模大、空心化程度低、可达性好、公共配套设施好的聚落作为开发与提升类聚落，该类型聚落需要引导其公共资源的优化配置，在不破坏当地生态环境的前提下，提高聚落用地效率，着力补足在教育、医疗卫生、文化娱乐和社会保障等领域的短板。

保护与活化那些规模小、空心化严重，具有当地特色渔村或圩村建筑组群的聚落，该类聚落不适合搞大开发，工作和规划重心应放在特色保护上，这就需要定期清理蔓延的树林，防止该聚落被淹没，投入资金进行修缮特色民居建筑，通过聘请民宿开发人员，有针对性地开发特色建筑组群为民宿，既能更好地保护与保存这类特色建筑，把生活空间转化为生产空间，增加当地村民收益，又能为聚落发展注入新动力，重点引导其资源保护，应充分挖掘自身在自然资源禀赋、产业特色及民俗文化等方面的优势，建设具有地方特色的乡村发展模式，切实改善人居环境[306]。

（四）生态管控，划定空间分区

为维持鄱阳湖水陆交错带内生态系统的健康，合理开发与保护水陆交错带的资源与环境，根据各类湖岛的实际情况，将湖岛空间划为了禁止开发区、限制开发区和适度开发区三种，限制当地居民与开发商的无序开发，营造规范有序的聚落景观风貌；还需在湖岛边缘划定缓冲区，积极应对自然灾害，尤其是洪涝灾害的入侵。严格管控聚落建设用地侵占生态空间[311]，严禁生产活动侵占和破坏湿地和湖岛岸线等自然景观[312]，维护湿地生态系统健康稳定发展，以此实现湖岛型村庄规划中开发利用和生态保护的协调，充分发挥湖岛的生态价值（见表7-5）。

表7-5　鄱阳湖水陆交错带湖岛分类建设引导

目标	类型	存在问题	措施
保护与活化	内部型湖岛聚落	可达性差	完善交通出行方式
		人口空心化程度高	妥善安置，提升生计资本
		公共基础服务设施不完善	完善公共服务基础设施
		洪涝灾害频发	提高圩堤高度、修建防护林
		特色聚落风貌受损	修缮特色民居建筑，开发民宿
		耕地丢荒	修建高标准农田，承包经营
开发与提升	边缘型湖岛聚落	建筑风格与高度不协调	合理规划和控制民居建设与布局
		生态空间被侵占	进行生态管控，划定空间分区
		公共服务设施布局不合理	提升公共基础服务设施能力

（五）完善公共基础设施，提高防灾减灾能力

鄱阳湖水陆交错带上的湖岛由于独特的地理位置，与外界交流不便，公共基础设施较为欠缺，湖岛的交通基础设施有明显的短板，这就需要加快修建环岛公路和出行码头，打造对外交流湖泊航线，提升岛内与岛外通勤的可达性、便捷性，方便湖岛与外界的交流，满足湖岛居民日常出行和发展旅游业发展的诉求。此外，通过规划和完善湖岛上供水系统，同时注重提高污水和垃圾处理能力，合理布局排污和污水处理系统，减少对鄱阳湖的污染。

为提高湖岛应对洪涝灾害的防御能力，需要规划湖岛边缘缓冲区，缓冲区上需要种植防护林和修建防护坝，着力打造岛内排水系统，提升聚落应对极端天气引发的洪涝灾害，并开展湖岛整体生态修复工程，实现湖岛上"山水林田湖草"工程的落实与建设，提升湖岛型聚落的生态性和宜居性[309]。

七、本章小结

鄱阳湖水陆交错带的聚落类型主要有指状型、团状型和带状型三种，指状型和团状型的聚落规模一般都较大，而且数量较多，带状型聚落规模较小，而且聚落的形态、大小与湖岛的地形地势和可达性有着密切的联系。探讨总体的用地结构特征，发现水陆交错带上聚落用地结构模式有四种，分别是山林—聚落模式、聚落—农田模式、山林—聚落—农田模式、聚落—林地—农田—坑塘模式。在实地调研中发现聚落存在的问题有：①人口空心化，生活空间空置化；②建筑风格不协调，建筑高度不统一；③聚落基础设施不完善，公共空间不足；④湿地被侵占，"生态"空间受损。根据实际情况为鄱阳湖水陆交错带的聚落提出空间优化建议：①妥善安置渔民，缓解聚落空心化；②优化聚落建筑组群的空间肌理；③分类指导，合理规划；④生态管控，划定空间分区；⑤完善公共基础设施，提高防灾减灾能力。

第八章

政策驱动下渔民生计转型对农业
景观格局的影响
——以鄱阳湖湖岛渔村为例

近几十年来，渔村农业景观格局发生了明显的变化。学者们很少关注生计多样化的渔民。因此，有必要梳理不同政策时期渔民生计和农业景观格局的变化特征。本章采用深度访谈、遥感技术和景观格局分析等方法，系统研究了典型渔村渔民生计和农业景观格局的变化。

一、研究背景与研究目的

（一）研究背景

自改革开放以来，中国经历了快速的城市化和工业化。此外，大量劳动力离开农村，导致大量耕地撂荒，使得农业景观逐渐破碎化、异质化和复杂化[15]。同时，农户生计的变化导致耕地撂荒。人类活动深刻影响了全球农业景观格局的变化[16-17]。社会经济发展是土地利用和土地覆盖变化的重要驱动力，对景观的结构和功能产生了重大影响[18-20]。大量研究表明，社会经济因素决定景观格局的变化[21-24]。此外，社会经济发展通常由政府政策和规划驱动[25]。这些政策是自然环境、社会经济条件、土地利用、景观格局和农户生计等自然因素和人为因素演变的重要驱动力[26]。城乡发展差距导致了与土地和生计有关的各种问题[27]。作为强有力的国家宏观调控方式，政府政策是解决这些问题的可行办法。生计需要有选择地使用与特定环境、社会和文化条件密切相关的资源[28]，农户生计可以作为研究区域农业景观格局变化的重要视角。

农户类型与农业景观格局变化有着密切的关系，不同类型的农户决策可以被动或主动地影响农业景观结构[167-168]。因此，要实现农业景观的综合价值功能，缓解人地冲突，必须重视农户生计在景观开发中的作用[169]。农户的非农生计从根本上导致了农业用地的可持续利用[170-171]，影响了农业景观的功能和结构，因为农户调整了生计策略和土地利用决策，以降低其脆弱性[172-174]。事实上，政策在指导农户的生计策略和土地利用实践方面发挥着重要作用[170,172]。研究表明，农业景观格局的变化与农户收入之间存在很强的相关性[175]，收入的变化主要是由农业生计的变化引起的，政策干预在影响农户生计选择方面发挥着重要作用[176-177]。

政策、生计与农业景观关系的研究主要集中在传统农业区、欠发达地区和生态脆弱地区，并且主要针对单一生计的农户[26,29-31]。在世界大部分地区，内陆渔业已被证明对粮食安全、环境健康和经济发展至关重要[32]，但学者们很少关注内陆淡水渔业捕捞区域和拥有多样化生计的渔业社区的农业景观。因此，为了揭示内陆淡水渔业捕捞区域的人地关系，有必要梳理不同政策时期渔民生计和农业景观格局的变化特征。

20 世纪 90 年代以来，鄱阳湖一直是长江流域最重要的渔区[33]。它是中国淡水鱼类资源最丰富的湖泊，湖岛沼泽土壤肥沃、灌溉用水充足。居住在湖岛上的人们不仅以捕鱼为生，而且还从事农业活动。因此，他们的生计是多样化的。近年来，鄱阳湖渔业资源枯竭、环境恶化、洪水频发等问题受到政府的高度关注[34]。随着洪水搬迁政策、禁牧、全面禁渔等国家政策的不断调整，渔民的传统生计发生转型。许多渔民迁移到城镇，大量耕地撂荒，农业景观发生明显的转型。

（二）研究目的

由于荷溪村位于鄱阳湖的一个小岛上，船是唯一的交通工具，前往该岛非常不方便，因此，它很少受到外界的干扰。该村渔民世代以捕鱼为生，他们都有着极其相似的生活方式。此外，荷溪村的行政边界与荷溪岛的实际范围高度重合，岛上耕地面积大，农用地种类多，说明荷溪村在很大程度上反映了鄱阳湖其他岛屿土地利用和土地覆盖的变化。本章以鄱阳湖典型渔村荷溪村为研究对象，构建科学合理的研究框架，探讨鄱阳湖湖岛农业景观格局的转型。本章研究的目的是：①分析不同政策时期下渔民生计变化对农业景观的影响，以及渔民生计与农业景观的关系；②揭示渔村农业景观格局的动态变化与转型。这些目标对于深入了解内陆淡水渔业捕捞区域农业景观格局变化，发展和丰富土地利用转型理论具有理论和实践意义，为优化鄱阳湖湖岛农业景观格局提供科学依据，揭示独特地理环境中人地关系。

二、政策回顾

政策决定了农户的生计和生产活动。1952年，私人种植被禁止，取而代之的是集体农业制度，这是中国农村经济社会生活的基础。这一时期的土地属于国家所有和集体所有[313]。农民在农村只能集体劳动，私人的盈利活动和行动自由受到一定的限制[314]。在"以粮为纲"政策的影响下，农业种植和粮食生产蓬勃发展。20世纪80年代初，随着家庭联产承包责任制的实施，农民获得了长期土地使用权[315]。土地的承包分配促进了改革初期农业生产的快速增长[316]，农民有权决定自己的生产方式，并从农业种植中获得收入。"菜篮子"工程是1988年由农业部提出的，旨在缓解中国农副产品供应短缺的问题,重点解决市场供应短缺问题[317]。随后,2010年,国务院发布了关于加强"菜篮子"工程的通知,强调农业种植技术的进步,进一步促进大棚蔬菜种植面积的增加[318-319]。

由于长期不加控制地开垦耕地和围湖造田,导致许多湖泊的水库容量和蓄洪功能下降,导致洪水频发[34]。1998年,长江中下游发生特大洪水,农业损失巨大,许多村庄被毁[320]。随后,政府提出了移民搬迁、退田还湖的政策,重点对低洼地区的居民进行搬迁,禁止他们在鄱阳湖湿地随意开垦耕地。这一政策旨在减少农户生计行为对生态环境的影响。此外,长江的渔业捕捞为该流域许多人提供了重要的食物和经济来源[321-322]。在长期不受控制的捕捞过程中,长江渔业资源迅速减少,一些鱼类已经出现了功能性灭绝,甚至有些时候没鱼可捕。2003年,农业部对长江实施了休渔期政策,每年4~6月禁止捕捞[323]。然而,禁渔期的实施并没有让长江流域的渔业资源得到恢复。从2021年开始,政府在整个长江流域实施了为期10年的全面禁渔政策[33,324],渔民的生产方式自此发生了变化。

饲养生牛也是渔民的重要收入来源。在中国,血吸虫病已被消灭,但血吸虫感染的地区和患病动物的数量却在上升[325]。以生牛为主的家畜是血吸虫病的主要传染源,鄱阳湖草洲90%以上的血吸虫病病例为生牛[326]。为防治血吸虫病,江西省政府于2013年实施了禁牧政策,并规定渔民不能在鄱阳湖沿岸的草洲饲养生牛,这导致许多农户的收入下降。

三、研究区概况、数据来源与方法

(一) 研究区概况

鄱阳湖位于江西省北部,长江中下游南岸,是中国最大的淡水湖,面积约 3960 平方千米。据统计，鄱阳湖共有 41 个岛屿，岛屿下辖行政村 50 个，均为渔村。荷溪村位于荷溪岛，岛的范围就是村庄的实际范围。荷溪村是典型的鄱阳湖渔村，该村地势北高南低。渔村有大量耕地，北部高地为旱地，南部低洼地区有大片肥沃的沼泽土，非常适合种植水稻。在繁荣时期，荷溪村的人口不断增加，高峰时期达到了 560 户，总人口为 1844 人[54]。就人口分布而言，渔民主要居住在北部高地，在 1998 年之前有少数渔民居住在南部。渔民主要以捕鱼为生，并通过农业活动和饲养生牛来补充收入。

（二）数据来源

本书的调查基于 2021 年 11~12 月和 2022 年 1~2 月在荷溪村进行的深度访谈。访谈共采访了 40 名渔民，与每位受访者的访谈时间为 60~90 分钟，并记录了访谈内容。受访者包括 32 名男性和 8 名女性，年龄从 33 岁到 85 岁不等。这 40 名渔民一生都住在这个村子里。因此，他们熟悉村庄的历史和整体情况，能够清楚地描述渔村在不同政策时期的变化。该调查内容包括农业种植、渔业、生计模式和人口流失。

通过对受访者的采访，研究发现渔民的日常出行非常不方便，很少受到外界的干扰。几乎每户都拥有相同大小的渔船和大致相同面积的农田，其生计模式和农业种植高度一致。此外，渔民居住的房屋是由政府规划和建造的。生计模式的一致性和耕地资源的合理分配表明，渔民的贫富差距相对较小。因此，这些访谈的信息客观、真实地反映了渔村的实际情况。值得注意的是，本书的调查目的是通过受访者了解不同政策下的整体渔民的生计变化和农业种植情况，而不是探讨个体农户生计资本和策略的差异。此外，我们还采访了 5 名相关乡镇官员和 2 名土地承包商，以证实受访者提供的信息。

野外调查的另一个重要作用是帮助本书研究确定土地的类型和分类。利用高分辨率遥感影像绘制了代表农业景观变化的专题地图，并通过对比不同年份、季节影像的物理变化以及区域现状，对景观类型进行分类。利用 ArcGIS 10.2 软件，将景观划分为水田、旱地、聚落、竹林地、撂荒地、坑塘和芡实种植地 7 类。芡实是一种水生草本植物，生长在池塘、湖泊和沼泽中。该物种的种子富含淀粉，可用于食品和药用[327]。本书中 1967 年遥感影像数据来自美国地质调查局 KH-7 锁眼卫星，2003 年数据来自法国 SPOT 卫星，2013 年数据来自谷歌地球，2021 年数据来自中国天地图官网。

（三）研究方法

1. 景观格局指数法

景观格局指数反映了景观的结构组成和空间形态，一般分为斑块、类型和景观三个层次进行分析。本书关注的是景观层面[328]。为了更好地反映景观的空间格局特征，避免信息冗余，并考虑其他研究，选择表征斑块密度（PD）、景观形状指数（LSI）、聚集指数（AI）、传染指数（CONTAG）和香农多样性指数（SHDI）的景观指数进行分析[239]。

（1）斑块密度（PD）。

$$PD = \frac{n_i}{A_i} \tag{8-1}$$

式中为景观类型 i 的斑块数；为 I 型景观面积[329]。PD 以每平方千米的斑块数目表示，并表示每种景观类型的斑块数目与景观面积的比率；高 PD 意味着高碎片化[330]。

（2）景观形状指数（LSI）。

$$LSI = \frac{0.25E_i}{\sqrt{A_i}} \tag{8-2}$$

式中：A 为研究区的总面积；E 为研究区所有斑块的长度[331]。当斑块形状完全规则时，LSI 达到最小值，并随着斑块变得更复杂而增加[332]。

（3）集聚度指数（AI）。

$$AI = \left[\sum_{i=1}^{m} \left(\frac{g_{ij}}{\max g_{ij}} \right) P_i \right] \times 100 \tag{8-3}$$

集聚度指数表示景观类型 i 中斑块 j 的相邻像元数。AI 反映了各种景观类型的空间分布。当一个景观类型的像素之间没有公共边时，AI 是最低的，当给定景观类型的所有像素具有最大的公共边时，AI 是最高的[332]。

（4）蔓延度指数（CONTAG）。

$$CONTAG = \left[1 + \dfrac{\sum\limits_{i=1}^{m} \sum\limits_{k=1}^{m} \left[(P_i) \left(\dfrac{g_{ik}}{\sum\limits_{k=1}^{m} g_{ik}} \right) \right] \times \left[\ln(P_i) \left(\dfrac{g_{ik}}{\sum\limits_{k=1}^{m} g_{ik}} \right) \right]}{2\ln m} \right] \times 100$$

(8-4)

蔓延度指数表示类型 i 的 patch 在景观中所占的比例，g_{ik} 表示类型 i 的 patch 像素与类型 k 的 patch 像素之间的邻接个数，m 表示景观中存在的 patch 类型个数。CONTAG 是指景观类型的空间信息。CONTAG 高的区域具有优势的景观类型和良好的连通性。相反，低 CONTAG 表明景观类型多、连通性低[333]。

（5）景观多样性指数（SHDI）。

$$SHDI = - \sum_{i=1}^{m} (P_i \times \ln P_i)$$

(8-5)

景观多样性指数表示斑块类型 I 占景观的比例，m 为存在的斑块类型数量，反映了景观的多样性程度。如果景观由一种类型组成，则为同质性，多样性指数为 0。当景观由两种以上相同比例的类型组成时，景观多样性最高[329]。

2. 移动窗口法

本章研究了景观要素的性质、空间结构、分布格局和动态变化，主要原则是从栅格数据中选择合适的景观指数，并使用目标尺寸窗口系统地在研究区域内移动，从而在区域尺度上可视化景观指数的空间分析[334-336]。移动窗口的大小根据研究区域确定，移动窗口太大会模糊景观格局中的细节和微变化，而移动窗口太小则难以表现景观格局的整体特征。

本书利用 ArcGIS 10.2 软件创建不同粒度的栅格输出图像，观察景观格局指标值变化的稳定区间。经过反复验证，确定 3 米是创建输出栅格图像的最佳粒度。本书创建了间隔 10 米、幅度变化 30~150 米的独立移动窗口进行对比和验证，以确保真实反映移动窗口中的景观变化，并发现 90×90 平方米的窗口可以很好地反映大部分指标的波动。

四、结果与讨论

（一）生计与农业景观

通过渔民的回忆我们了解到，在 1982 年实行家庭联产承包责任制之前，荷溪村的土地属于国家和村集体所有，渔民只能从事集体农业劳动。农业生产受到"以粮为纲"思想的影响，渔民积极响应国家的要求，大面积围湖造田，水田面积增长特别迅速，达到 1863.25 公顷，如图 8-1 所示。当时的政策严重限制了个人的生产活动，渔民不能自由捕鱼和饲养牲畜，只能从事集体耕作。

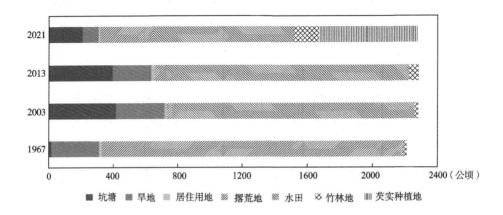

图 8-1　1967~2021 年荷溪村农业景观面积变化

　　实行家庭联产承包责任制后，政府没有严格限制渔民的生产活动，由村集体按家庭规模分配土地。渔民获得土地使用权，从事农业耕作的积极性增强。由于人口增加而耕地资源有限，渔民采取积极的生计策略，最大限度地利用耕地以获得经济收益。根据受访者的回忆，在水田种植双季稻，在旱地种植各种经济作物。为了使旱地产量的效益最大化，轮流种植不同的经济作物。同时，荷溪村的畜牧业也在发展，饲养生牛的成本很低，畜牧业成为一项重要的收入来源。此外，政府不再限制捕鱼的自由，因此渔民将主要生产活动从农业转移到更有利可图的渔业。渔业捕捞量连年增加，成为主要的收入来源。在这一时期，渔民的生计主要集中在捕鱼上，而农业和畜牧业同时发展。其中一名老年受访者说：

　　除了捕鱼和养牛，我们还会在旱地种植各种作物；我们春天种大蒜，夏天种西瓜和冬瓜，秋天种胡萝卜，冬天种洋葱和卷心菜。收获后，这些作物被水运运到南昌的批发市场出售。

　　从图8-2中可以看出，荷溪村南部没有旱地，农业景观以单一的水田为主。据南部受访者回忆，1998年长江中下游大洪水后，政府实施了洪水搬迁政策和禁止无节制开垦耕地。南部的渔民被搬迁到吴城镇，他们的水田由政府管理，委托给外部承包商耕种。南部渔民失去耕地后，不再从事农业和畜牧业。北部地区的渔民被系统地转移到地势较高的旱地，但他们的生计没有改变。一位曾经住在荷溪村南部的受访者说：

　　我和我丈夫在这里种了130亩水田，养了很多生牛，但1998年大洪水之后，政府禁止我们在湖周围种水田，并要求我们搬到吴城镇的安置房，所以我们没有更多的耕地，也没有办法养生牛。

　　为了保护长江的渔业资源，政府从2003年开始每年4~6月禁止捕鱼。每年的休渔期恰逢农业繁忙季节，对渔民的生产生活影响不大。受访者表示，季节性禁渔后，渔民的渔获量和收入下降，但只有少数年轻渔民选择离开渔村，到城市从事非农业职业。因此，从2003年开始，荷溪村只有少量耕地撂荒。从图8-2可以看出，这一时期渔村的撂荒耕地面积非常低，说明季节性限制捕鱼并没有导致渔民的大量流失，农业耕作仍然是渔

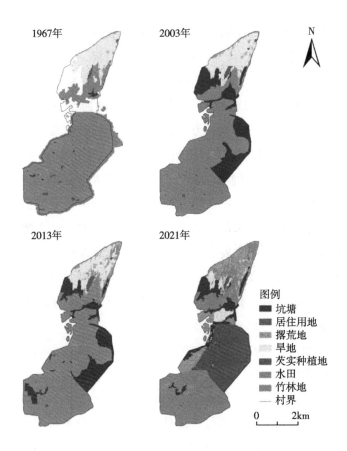

图 8-2　1967~2021 年荷溪村农业景观动态变化

注：1967 年荷溪村北部的圩堤未修建完成，村界内空地为滩涂。在此期间，一些渔民在村界外开垦了水田。

民的重要生计方式。

　　2013 年，政府禁止鄱阳湖周边居民养牛，渔民被迫停止养牛，从而失去了畜牧业的收入。当收入减少时，一些渔民会离开渔村，这就增加了耕地摞荒的风险。此外，经济作物是渔民的重要收入来源。政府推行"菜篮子"工程后，村外大棚蔬菜产量增加，导致经济作物的市场需求和收购价格下降。经济作物收益的下降导致渔民的耕种热情下降，旱地逐渐开始大规模摞荒。当渔民失去养牛的收入，再加上农业种植的回报下降时，许多人在休渔期从事零工，以增加家庭收入，他们的生计发生了重大变化。如图 8-2 所示，2013 年由于人口流失和耕种意愿下降，该村撂荒地和竹林面积明显增加。一位受访者说：

鄱阳湖的草地为牛提供了丰富的牧草，养牛成本很低，每个渔民养 10 头左右的生牛，成年生牛可以卖到 1 万元，这是一笔可观的收入。禁止放牧后，政府不再允许我们饲养生牛。经济作物的收购价格越来越低，我不想种那么多经济作物，我的收入越来越少，所以我在禁渔期出去打零工。

2021 年，政府在长江流域实施了为期 10 年的全面禁渔政策，渔民不得不停止捕鱼。由于失去了捕鱼收入，绝大多数渔民选择离开村庄，迁移到城镇从事非农业行业。随着渔民的大量流失，该村大面积耕地撂荒，2013~2021 年，水田减少 626.09 公顷，旱地减少 142.51 公顷，耕地撂荒问题日趋严重。如图 8-2 所示，2021 年农业景观发生了巨大变化，撂荒地迅速增加，竹林地蔓延，农业景观格局同质性消失。根据我们的观察和受访者提供的信息，剩下的渔民主要以种植水稻为生，并已成为全职农民。通过承包撂荒的水田，他们扩大了水稻种植规模，以赚取更多的收入。目前，村北有 4 家大稻农承包经营 1110 亩稻田，村北其余稻田由另外 15 名渔民承包，承包价格为 100 元/亩。此外，经济作物不再在旱地上大规模种植，现在只种植卷心菜和油菜籽供家庭使用，这些经济作物不再出售给公众。在荷溪村南部，2020 年安徽商人承包了 611.38 公顷的水田，用于种植芡实，还雇用了两位渔民种植这种作物。一位受访者（一位重要的水稻种植者）说：

全面禁渔后，许多渔民离开了渔村。我年纪大了，在城市里很难找到工作。现在我是一名全职农民，我承包了 400 亩水田种植水稻。

（二）农业景观格局时空演变特征

如表 8-1 所示，1967~2021 年，荷溪的总体 PD、LSI、SHDI 逐年增加，而蔓延度指数（CONTAG）和集聚度指数（AI）呈下降趋势。这表明研究区景观斑块呈现破碎化特征，其形态更加复杂多样，景观整体集聚和扩散程度有所下降。在时间尺度上，1967~2003 年农业景观格局变化缓慢，总体上保持相对均匀。禁牧政策是景观格局变化的转折点，2013~2021 年的 8 年间景观格局变化最为显著。

表 8-1　研究区景观水平上农业景观格局指数的变化

年份	PD	LSI	CONTAG（%）	SHDI	AI（%）
1967	1.44	2.27	84.60	0.54	99.79
2003	2.16	3.51	71.33	1.01	99.69
2013	2.16	4.70	69.62	1.06	99.55
2021	3.58	5.78	58.43	1.56	99.16

利用移动窗口方法对荷溪村的农业景观进行可视化，如图 8-3 所示。不同区域的农业景观格局呈现出不同的趋势，北部区域在 PD、LSI、CON-TAG 和 SHDI 四项景观格局指数上均表现出较高的数值。而且，AI 的高值范围每年都在扩大，北部 AI 的低值区域每年也在扩大。结果表明，北部农业景观破碎化程度高，景观斑块形态复杂，景观多样性高，扩展程度高，集聚程度低。南部景观格局指数变化幅度小于北部。北部区域农业景观格局指数反映了农业景观变化的总体趋势。此外，北部的农业景观变化比南部更剧烈，这意味着北部地区是决定整体农业景观格局的关键地带。人为干扰与景观格局指数的变化密切相关，渔民的农业种植和生计的变化对北部地区当地农业景观格局产生了深刻的影响。

（三）渔村的空心化

世界主要农业区域特别是在发展中国家，正在经历生计的巨大重组，包括农户多样化、非农就业和永久移民[337-340]。这些生计转变反映了复杂和多重的影响，从资源稀缺和环境变化等物理限制到个人和社会愿望的变化，再到国家政策干预[341]。在中国，农民向非农业部门的大规模迁移、农村耕地撂荒以及农业人口的大量减少导致了农村的空心化，这继续影响着农业景观格局[342-344]。

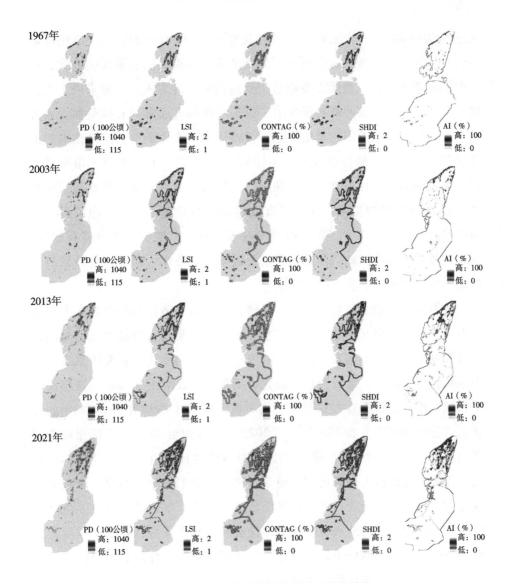

图 8-3 研究区农业景观格局时空变化特征

　　渔业捕捞是荷溪村渔民低成本、高产的生计方式，是他们的主要收入来源。捕鱼只需要小渔船和渔网。大多数小渔船是木制的，通常可以容纳 2~3 人。每个家庭拥有 1~2 艘船。捕鱼作业通常以家庭为基础，在正常情况下（2019年），一个家庭每天可以获得500~1000元的收入。渔民通过捕鱼可以比工作或务农赚得更多。捕鱼是荷溪村渔民的主要谋生方式，一旦限制或禁止捕鱼，渔民无疑被迫改变他们的生计方式。一般来说，渔民接受的教育很少，那些在村里生活了很长时间的人通常只有捕鱼和农业种植两种技能。这些有限的技能使他们很难从事非农业职业。面对枯竭的渔业资源和不断减少的自然资本，年轻渔民（45岁以下）渴望城市生活方式，并主动调整生计策略，放弃渔业，选择离开渔村，甚至举家搬迁至城镇。自2013年禁牧以来，这种情况变得越来越普遍。中老年渔民由于年事已高，不愿外出谋生，在全面禁渔政策实施后，他们才被迫放弃捕鱼，留在村里从事农业活动。因此，劳动力短缺和农业投入减少可能导致耕地撂荒，农业产出进一步下降[344-346]。

政策导致劳动力向城镇和城市迁移，并导致经济作物的价格和需求发生变化，这些变化又影响了渔民调整他们的生计策略。劳动力迁移是渔民生计转变的直接影响因素，也是影响农业景观格局变化的重要因素。当许多渔民迁移到城市，导致渔村空心化，而留守渔民老龄化加剧，这都加剧了耕地的撂荒。根据官方数据和实地调查，荷溪村1998年和2018年的常住人口分别为937人和246人[54]，2022年，减少至98人。长江流域全面禁渔政策实施后，剩下的98名渔民都是留守村民，他们的生计资本普遍较为薄弱。搬迁出去的渔民靠种植毛竹来划定他们旱地的边界，防止被他人侵占，由于长期无人打理，竹林面积迅速扩大。旱地撂荒改变了生产功能，一定程度上使得地表植被恢复，这有利于水土保持，在一定程度上起到了积极的生态环境作用。简言之，旱地的撂荒和竹林地的不受控制的蔓延使农业景观格局破碎化（见图8-4）。

（四）种植结构的变化

在向非农业生计转型的背景下，农业和非农业活动之间的竞争变得越来越激烈，农户经常选择更省时、更有效的土地利用方法，并转向更简单的种植结构[347]。此外，土地利用类型多样的农业景观被视为生活在不稳定社会条件下的农户家庭所采取的生存策略的产物[348-349]。

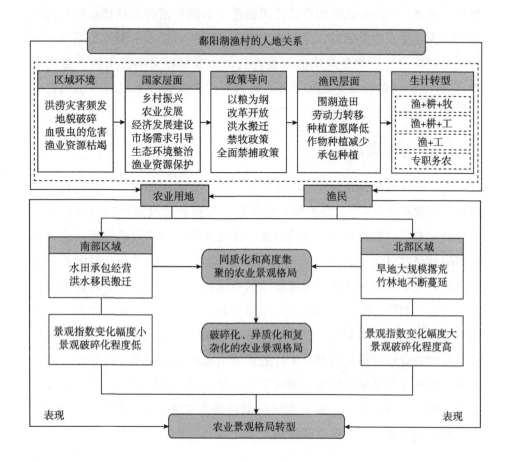

图 8-4 农业景观格局转型框架

研究发现，渔民的种植结构正逐渐变得更加简单和专业化。由于大棚蔬菜的兴起，对经济作物的收购价格和需求下降，导致渔民种植经济作物的意愿持续下降。渔民种植旱地的投入减少，经济作物的种植面积也减少了。因此，渔民把更多的时间和精力用来捕鱼和种植水稻。大米有相对稳定的收购价格和销售渠道，全面禁渔后，渔民把希望寄托在水稻种植上。那些留守渔民已经成为全职农民，承包撂荒的水田，大规模种植水稻。为了提高水稻产量，水稻种植已经从小规模经营转向以合同为基础的大规模种植，机械、农药和化肥的广泛使用促进了水稻种植的集约化。以合同为基础的大规模农业是指留守渔民租用撂荒地，从而扩大水稻种植规模。集约化是指任何获得更多产出的过程，但最常被解释为单位土地产量的增加[350]。生计转型给农业景观带来的最大变化是大部分人退耕并出租自己的水田，由承包土地的大农户经营种植。

（五）创新与不足

为了研究农业景观格局转型的原因，除了宏观层面的研究外，深入的案例研究也很重要[351]。案例研究用于更好地整合和理解不同时空尺度上土地利用变化的自然和社会驱动因素，将遥感数据与实地研究相结合以确保研究结果在科学上合理和准确是很重要的[352]。传统方面，对农业景观变化的研究主要集中在基于卫星图像的空间格局变化上，很少考虑农户的社会行为[353-354]，如生计选择或生计与农业景观的相互作用。然而，本书的研究也存在一些局限性，如只分析了生计转型对农业景观的单向影响，没有探讨农业景观格局转型对生计的影响以及两者之间的相互作用。研究发现，耕地尤其是旱地的撂荒导致了农业景观格局的破碎化、异质化和复杂化。因此，渔民耕作旱地有利于降低耕地撂荒率，抑制竹林无序扩张，对优化农业景观格局具有重要作用。

五、总结

本章利用长时间尺度卫星遥感影像和数学分析方法，构建科学研究框架，量化渔村农业景观格局的变化。此外，通过深度访谈，定性分析政策变化与渔民生计的关系，为鄱阳湖典型渔村农业景观格局的动态变化和转型提供科学合理的解释。

　　研究结果表明，在不同的政策时期，渔民的生计发生了变化。禁牧和全面禁渔后，渔民不能饲养牲畜，不能从事渔业，渔民的生计从多样化走向单一化。许多渔民迁移到城镇和城市，人口流失已经成为一个严重的问题，随着渔村空心化，撂荒地的面积也在增加。而大棚蔬菜的兴起，市场对经济作物的购买价格和需求下降，因此，渔民不愿意在旱地耕种。研究发现，渔民的种植结构正逐渐变得更加简单和专业化。那些留守渔民已经成为全职农民，承包撂荒的水田，大规模种植水稻。在时间尺度上，由于禁牧前渔民生计模式相对稳定、人口流失率低、耕地撂荒率低，荷溪村农业景观格局变化缓慢。禁牧政策是景观格局变化的转折点，2013~2021 年的 8 年间景观格局变化最为显著。特别是全面禁渔后，撂荒地和竹林面积增加，导致农业景观格局逐渐破碎化、异质化和复杂化。

第九章

结论与讨论

一、研究结论

本书以鄱阳湖水陆交错带作为研究对象，结合土地遥感影像等数据，从数量、空间和景观格局三个方面剖析研究区在 2000～2020 年的土地利用与景观格局动态演化过程，并基于生态适应性循环理论，构建"潜力—连通度—恢复力"三维综合评价体系，以乡镇为研究单元，对鄱阳湖水陆交错带 2000 年、2010 年以及 2020 年的生态韧性进行评估，归纳总结其生态韧性的时空演化规律。同时运用地理加权回归模型（GWR）探究在不同时期内各解释变量对生态韧性影响的时空特征，进而提出地区生态韧性提升的优化策略。此外，通过分析 2003～2017 年采砂活动对鄱阳湖水陆交错带景观格局以及形态所产生的影响；浦氏方法提取鄱阳湖水陆交错带的聚落边界，运用分形几何学方法对湖岛型聚落形态进行归类分析，并采用深度访谈、遥感技术和数学分析等方法，系统研究了典型渔村渔民生计和农业景观格局的转型。主要结论如下：

第一，鄱阳湖水陆交错带土地利用类型以耕地、林地和水域为主，占区域总面积的 90% 左右，其中耕地广泛分布于研究区的南部平原地区，林地则主要集中分布在庐山和东北部地区。2000~2020 年研究区内建设用地面积变化最为显著，总计增加 15214.02 公顷，而林地、草地和未利用地面积均出现持续下降的态势，耕地和水域面积呈现波动式变化，其中耕地面积先增后减，整体呈上升趋势，水域的面积变化情况则与之相反。在各类土地利用类型的转换关系中，耕地、林地和水域向建设用地的转换形式最为常见，且建设用地面积的逐年扩张不断侵占生态空间，从而导致毗邻城区的地区所受人类扰动日益增强，景观类型的斑块破碎化程度加深，区域生态系统结构的整体性和稳定性遭到一定破坏。

第二，2000~2020 年鄱阳湖水陆交错带生态韧性水平先增后减，总体呈上升趋势；韧性低值区经历了"小集聚大分散→大集聚小分散→整体分散"的空间演化特征，且主要分布于西部、北部和邻近南昌市的区域；而中高韧性区覆盖范围始终较大，主要聚集在庐山、东部林区以及南部平原农耕区。根据适应性循环理论对鄱阳湖水陆交错带各乡镇进行生态韧性演化阶段落位，发现 2000~2020 年大部分乡镇经历了"释放→重组→开发"的演化交替过程，其中 2020 年各乡镇韧性演化处于开发（r）、保护（K）、释放（Ω）、重组（α）阶段的乡镇数量分别占 49.41%、28.24%、8.23%、14.12%；预测研究区内大部分乡镇未来可能会进入保护阶段。在此演化阶段内，系统潜力增速放缓、连通度持续增加、恢复力持续降低，快速发展的城镇化是该阶段演化的重要驱动因素，如何打破现有局面实现区域新增长是大多数乡镇生态系统可持续发展的关键问题。

第三，从鄱阳湖水陆交错带生态韧性的各影响因素来看，2000~2020 年，植被净初级生产力和地区生产总值对生态韧性具有明显的正向驱动作用，其中植被净初级生产力的正向影响程度主要表现为减弱的态势，而地区生产总值对生态韧性正向影响的显著性呈逐年增强的趋势；人口密度和土地开发强度对生态韧性产生了显著的负向影响，并且两者的负向影响强度均呈现出增强的趋势；而在研究期间内年总降水量对生态韧性的影响则由正向转变为负向。同时，自然因素对生态本底条件优越的区域，其驱动作用更为明显，而社会经济因素的影响强度高值区主要位于邻近城市的地区。总体来说，这5个解释变量对鄱阳湖水陆交错带生态韧性的影响机制具有较为显著的空间差异性，未来应立足于不同区域的自然生态本底及社会经济水平所提供的韧性支撑作用，通过生态系统功能提升和空间结构优化，促进人类活动与生态系统的良性互动。

第四，2003~2017年鄱阳湖内采砂船数量不断增加，采砂规模不断扩大，在空间分布上由北向南扩散，主要集聚在入江通道和湖心区域。通过核密度分析，鄱阳湖采砂船核密度值总体上不断增大，集聚模式呈现"多核心模式"；通过标准差椭圆和重心转移进行分析，发现鄱阳湖采砂船空间分布整体呈现南—北向的空间格局，标准差椭圆的重心先向北移动，再往南移动，后往北移动，这说明研究区内鄱阳湖采砂船数量分布不断在调整，采砂活动向南部转移扩散，再逐步回到北部。

第五，鄱阳湖水陆交错带的面积是不断增加的，2003~2017年一共增加了25468.13公顷，面积增加了11.32%。在各类景观面积所占比重中，草滩面积所占总面积最大，其次是滩涂，农田面积变化最为稳定，沙地面积变化幅度最大。通过景观转移矩阵分析发现，草滩与滩涂之间转化最为频繁，相互转换面积最大；水域面积呈波动下降趋势，水域主要转换为滩涂，湿地面积扩张，水陆交错带面积不断扩大；沙地变化幅度较大，变动最不稳定；农田作为研究区内特殊的人工湿地景观，面积最小，但面积总体上维持稳定。

第六，在类型水平层次上，滩涂景观的破碎度最大，其景观斑块形状最为复杂；农田景观破碎度最小，景观斑块复杂程度最小，变化最为稳定，斑块的聚集性最强；沙地景观指数的变化幅度最大，其景观连通性表现最差；草滩景观指数变化较为稳定，其景观连通性最好，且变化幅度最小。在景观水平层次上，鄱阳湖水陆交错带景观破碎度变低，景观形状趋于复杂化，景观多样性减少，其景观连通性和集聚性增加。

第七，西岸线和东岸线长度不断增加，二者均处于侵蚀状态，并且东岸线的侵蚀强度高于西岸线，而湖心区域岸线萎缩，湖心区域呈扩张状态。总体形态上，鄱阳湖水陆交错带形状趋向简单化，相似性增强；入江通道形状复杂化程度提高，几何形态不规则；湖心区域的形态指数呈无规律的波动变化。

第八，通过皮尔逊相关系数分析发现，采砂规模与鄱阳湖水陆交错带的形态指数呈负相关，与景观形状指数和入江通道的形态指数呈正相关。通过分析五湖和湖口输沙量数据和湖底断面数据可知，2000年鄱阳湖转变为冲刷状态，湖心区域从淤积转为冲刷，并且维持比较稳定的趋势，这说明湖心区域大面积湿地裸露，受泥沙淤积影响较弱，更主要是采砂活动导致入江通道湖盆深度加深，鄱阳湖北部库容加大，南部的湖水大量外泄所导致，湿地被侵占对水陆交错带产生的干扰微弱，因此，采砂活动可能是鄱阳湖水陆交错带景观格局和形态变化的主要驱动力。

第九，鄱阳湖水陆交错带的聚落类型主要有指状型、团状型和带状型三种，指状型和团状型的聚落规模一般都较大，而且数量较多，带状型聚落规模较小，而且聚落的形态、大小与湖岛的地形地势和可达性有着密切的联系。探讨总体的用地结构特征，发现水陆交错带上聚落用地结构模式有四种，分别是山林—聚落模式、聚落—农田模式、山林—聚落—农田模式、聚落—林地—农田—坑塘模式。在实地调研中发现聚落存在的问题有：①人口空心化，生活空间空置化；②建筑风格不协调，建筑高度不统一；③聚落基础设施不完善，公共空间不足；④湿地被侵占，"生态"空间受损。另外，根据实际情况为鄱阳湖水陆交错带的聚落提出如下空间优化建议：①妥善安置渔民，缓解聚落空心化；②优化聚落建筑组群的空间肌理；③分类指导，合理规划；④生态管控，划定空间分区；⑤完善公共基础设施，提高防灾减灾能力。

第十，在不同的政策时期，渔民的生计发生了变化。禁牧和全面禁渔后，渔民不能饲养牲畜及从事渔业，渔民的生计从多样化走向单一化。随着许多渔民迁移到城镇和城市，人口流失已经成为一个严重的问题，渔村空心化，撂荒地的面积也在增加。随着大棚蔬菜的兴起，对经济作物的购买价格和需求下降，渔民不愿意在旱地上种植经济作物，渔民的种植结构正逐渐变得更加简单和专业化。那些留守渔民已经成为全职农民，承包撂荒的水田，大规模种植水稻。在时间尺度上，由于禁牧前渔民生计模式相对稳定、人口流失率低、耕地撂荒率低，荷溪村农业景观格局变化缓慢。禁牧政策是景观格局变化的转折点，2013~2021年的8年间景观格局变化最为显著。特别是全面禁渔后，撂荒地和竹林面积增加，导致农业景观格局逐渐破碎化、异质化和复杂化。

二、研究创新点

第一，本书通过构建三维指标体系对鄱阳湖水陆交错带这一特殊的地理过渡性空间的生态韧性进行评价，相较于传统的针对植被、生物、水文等自然地理类要素开展的水陆交错带生态恢复与重建研究更具系统性和综合性。并且现有研究多关注洞庭湖[91]、巢湖[92]和漓江[355]等水陆交错带地区，对鄱阳湖研究较少。

第二，在指标选取上，一定程度上考虑了人类活动和社会经济发展对区域生态韧性的影响。同时，鄱阳湖水陆交错带因为历史原因，形成了大量的乡（镇）、村等聚落景观[356]，该区域人与环境相互作用强烈，是一个很具代表性的人地耦合系统，故本书研究可为后续其他类型的水陆交错带地区在生态环境等方面的研究提供一定的参考意义。

第三，在研究尺度上，有关生态韧性的研究多以城市为单元，鲜有学者从乡镇尺度对生态韧性进行讨论，尺度的精细化有利于明确各乡镇生态韧性的基本状况，初步预测未来发展阶段及其特征，能更好地在规划层面上实现因地制宜。

第四，本书通过最高水位与极低水位去界定鄱阳湖水陆交错带的自然范围，鄱阳湖低水位具有明显的动态变化，为保证研究区域的连续性和一致性，统一采用极低水位值星子水位6.2米作为鄱阳湖水陆交错带的内部边界，这能够客观真实地反映鄱阳湖水陆交错带的自然范围，科学界定鄱阳湖水陆交错带的自然范围，以及定量分析鄱阳湖水陆交错带的动态变化，为后续相关的研究提供了数据支撑。

第五，定量分析采砂规模与鄱阳湖水陆交错带景观格局和形态的关系，通过说明鄱阳湖水文情势对研究区景观格局与形态的影响并不显著，充分说明人类活动是鄱阳湖水陆交错带景观格局和形态变化的主要驱动力，有利于科学评估人类活动对鄱阳湖水陆交错带的影响。这对过渡性地带的景观生态环境演变的研究案例起着补充作用，并且有利于深化过渡性地带人地关系的研究。

第六，鄱阳湖水陆交错带湖岛型聚落空间形态的划分和优化设计是大湖流域乡镇空间合理协调布局的基础性条件，这对于大湖流域国土空间整体保护与合理开发具有指导作用，为实现生态、农业和聚落空间合理布局，打造鄱阳湖山水林田湖草沙一体保护和修复区起着添砖加瓦的作用，有利于分类划定湖岛内历史文化街区和传统聚落的历史文化保护线，保护了特色地域文化，塑造了魅力空间和良好协调的人居环境[44]。

第七，分析不同政策时期下渔民生计变化对农业景观的影响，以及渔民生计与农业景观的关系，揭示渔村农业景观格局的动态变化与转型，对于深入了解内陆淡水渔区农业景观格局变化，发展和丰富土地利用转型理论具有理论和实践意义，为优化鄱阳湖湖岛农业景观格局提供科学依据，揭示独特地理环境中的人地关系。

三、研究不足

第一，由于乡镇系统自适应性循环能力较为薄弱，其生态韧性发展具有更多的复杂性和不确定性，在对研究区各乡镇进行韧性发展阶段落位时出现小部分乡镇会长期陷入病态陷阱（重组失败）阶段。因乡镇统计数据获取不连续，本书未对鄱阳湖水陆交错带各乡镇发展过程中可能进入的病态陷阱进行详细解释，未来将通过实地调查或访谈对其阶段及原因进行深入分析。

第二，由于水陆交错带地区受季节性淹没的影响，其面临的风险既包括自然灾害带来的急性冲击，也包括不确定的人为扰动压力。但在指标选取方面，本书缺乏表征干旱、洪涝等自然灾害的评价指标，后续研究将进一步完善区域生态韧性的评估体系。同时水陆交错带人地关系地域系统复杂多样，包括人—水关系、人—鸟关系以及人—渔关系等多个层面[51]，其主体多元化、要素多样性导致了水陆交错带各乡镇地区发展缓慢且不稳定，甚至使乡镇系统演化极易进入停滞状态，该区域难以仅依靠自身能力完成系统演替的突破，水陆交错带乡镇系统韧性发展较城市地区更具有复杂性和无序性，因此未来研究将重点聚焦于水陆交错带与城市地区韧性发展的异同点方面。

第三，鄱阳湖水位波动较大，对水陆交错带范围的界定和提取有一定的难度和不确定性，本书利用极低水位值星子水位6.2米提取鄱阳湖水陆交错带的内部边界具有较高的可信度，但缺乏探讨不同水位下鄱阳湖水陆交错带景观格局与形态的变化差异。而且研究仅选取2003~2017年遥感影像进行分析，研究的时间尺度较短，未能与2000年之前无采砂活动的情况开展对比分析，由于星子水位为6.2米日期的遥感影像可用数量少和遥感影像处理工作量大等问题，未能开展更为稳健的时间序列研究。

第四，鄱阳湖作为我国第一大淡水湖泊，其生态系统和生态环境的演变十分复杂，尤其是在水文情势的不确定性和多变性的影响下，鄱阳湖水陆交错带具有不稳定性。本书研究主要分析采砂活动对鄱阳湖水陆交错带的景观格局和形态造成的影响，缺乏从综合的角度探讨其演变的驱动机制，并且未能构建驱动模型，结论可能较为片面和缺乏说服力。自2003年三峡工程运行后，长江干流入鄱阳湖的水量大大减少，近年来鄱阳湖周边建立了许多人工灌溉渠道和水库,用于防洪、灌溉和供水,这些因素都可能是造成鄱阳湖水陆交错带景观格局和形态发生变化的原因。

第五,对农业景观变化的研究主要集中在基于卫星遥感影像的空间格局变化上,很少考虑农户的社会行为[353-354],如生计选择或生计与农业景观的相互作用。本书研究只分析了生计转型对农业景观的单向影响,没有探讨农业景观格局转型对生计的影响以及两者之间的相互作用。

以上研究不足之处都是笔者今后需要努力的方向。

参考文献

［1］夏少霞，于秀波，王春晓．中国湿地生态站现状、发展趋势及空间布局［J］．生态学报，2022，42（19）：7717-7728.

［2］Meng W, He M, Hu B, et al. Status of wetlands in China: A review of extent, degradation, issues and recommendations for improvement ［J］. Ocean & Coastal Management, 2017 (146): 50-59.

［3］焦隆．漓江水陆交错带生态系统健康评价研究［D］．北京林业大学，2019.

［4］Zedler J B, Kercher S. Wetland resources: Status, trends, ecosystem services, and restorability ［J］. Annual Review of Environment and Resources, 2005 (30): 39-74.

［5］国家林业局．中国湿地资源·总卷［M］．北京：中国林业出版社，2015.

［6］尹澄清，兰智文，晏维金．白洋淀水陆交错带对陆源营养物质的截留作用初步研究［J］．应用生态学报，1995（1）：76-80.

［7］吴娟，张奇，李云良，等．鄱阳湖洪泛系统水位-面积迟滞关系的形成机制及演变［J］．长江流域资源与环境，2022，31（10）：2155-2165.

［8］文可，姚焕玫，龚祝清，等．水淹频率变化对鄱阳湖增强型植被指数的影响［J］．植物生态学报，2022，46（2）：148-161.

［9］吕桦，钟业喜．鄱阳湖生态经济区地域范围研究［J］．江西师范大学学报（自然科学版），2009，33（2）：249-252.

［10］成金华，尤喆．"山水林田湖草是生命共同体"原则的科学内涵与实践路径［J］．中国人口·资源与环境，2019，29（2）：1-6．

［11］潘艺雯，应智霞，李海辉，等．水文过程和采砂活动下鄱阳湖湿地景观格局及其变化［J］．湿地科学，2019，17（3）：286-294．

［12］张凯，马明．内蒙古农牧交错带山地聚落空间形态研究［J］．地域研究与开发，2019，38（6）：165-170．

［13］本刊编辑部．鄱阳湖生态经济区建设上升为国家战略［J］．党史文苑，2009（24）：1．

［14］魏佳豪，温玉玲，龚志军，等．近30年鄱阳湖滨岸缓冲带土地利用变化及生态系统服务价值［J］．生态学报，2022，42（22）：9261-9273．

［15］Ellis E C, Neerchal N, Peng K, Xiao H S, Wang H, Zhuang Y, Li S C, Wu J X, Jiao J G, Ouyang H, et al. Estimating long-term changes in China's village landscapes［J］. Ecosystems, 2009（12）：279-297.

［16］Long H, Liu Y, Wu X, Dong G. Spatio-temporal dynamic patterns of farmland and rural settlements in Su-Xi-Chang region：Implications for building a new countryside in coastal China［J］. Land Use Policy, 2009（26）：322-333.

［17］Pribadi D O, Pauleit S. The dynamics of peri-urban agriculture during rapid urbanization of Jabodetabek Metropolitan Area［J］. Land Use Policy, 2015（48）：13-24.

［18］Abdullah S A, Nakagoshi N. Changes in landscape spatial pattern in the highly developing state of Selangor, peninsular Malaysia［J］. Landsc Urban Plan, 2006（77）：263-275.

［19］Parcerisas L, Marull J, Pino J, Tello E, Coll F, Basnou C. Land use changes, landscape ecology and their socioeconomic driving forces in the Spanish Mediterranean coast（El Maresme County, 1850-2005）［J］. Environ Sci Policy, 2012（23）：120-132.

［20］Su S, Ma X, Xiao R. Agricultural landscape pattern changes in response to urbanization at ecoregional scale [J]. Ecol Indic, 2014 (40): 10-18.

[21] Liu Y, Feng Y, Zhao Z, Zhang Q, Su S. Socioeconomic drivers of forest loss and fragmentation: A comparison between different land use planning schemes and policy implications [J]. Land Use Policy, 2016 (54): 58-68.

[22] Wu T, Zha P, Yu M, Jiang G, Zhang J, You Q, Xie X. Landscape pattern evolution and its response to human disturbance in a newly metropolitan area: A case study in Jin - Yi Metropolitan Area [J]. Land, 2021 (10): 767.

[23] Su S, Xiao R, Zhang Y. Monitoring agricultural soil sealing in peri-urban areas using remote sensing [J]. Photogramm Eng Remote Sens, 2014 (80): 367-372.

[24] Xu J, Grumbine R E, Beckschaefer P. Landscape transformation through the use of ecological and socioeconomic indicators in Xishuangbanna, Southwest China, Mekong Region [J]. Ecol Indic, 2014 (36): 749-756.

[25] Xie Y, Mei Y, Guangjin T, Xuerong X. Socio - economic driving forces of arable land conversion: A case study of Wuxian City, China [J]. Glob Environ Chang Hum Policy Dimens., 2005 (15): 238-252.

[26] Ribeiro Palacios M, Huber-Sannwald E, Garcia Barrios L, Pena de Paz F, Carrera Hernandez J, Galindo Mendoza M d G. Landscape diversity in a rural territory: Emerging land use mosaics coupled to livelihood diversification [J]. Land Use Policy, 2013 (30): 814-824.

[27] Long H. Land use policy in China: Introduction [J]. Land Use Policy, 2014 (40): 1-5.

[28] Jampel C. Cattle-based livelihoods, changes in the taskscape, and human-bear conflict in the Ecuadorian Andes [J]. Geoforum, 2016 (69): 84-93.

[29] Wang L, Zhang J L, Liu L M. Diversification of rural livelihood strat-

egies and its effect on local landscape restoration in the semiarid hilly area of the loess plateau, China [J]. Land Degrad Dev, 2010 (21): 433-445.

[30] Rasmussen L V, Watkins C, Agrawal A. Forest contributions to livelihoods in changing agriculture-forest landscapes [J]. For Policy Econ, 2017 (84): 1-8.

[31] Musakwa W, Wang S, Wei F, Malapane O L, Thomas M M, Mavengahama S, Zeng H, Wu B, Zhao W, Nyathi N A, et al. Survey of community livelihoods and landscape change along the nzhelele and levuvhu river catchments in Limpopo Province, South Africa [J]. Land, 2020 (9): 91.

[32] Zhang H, Kang M, Shen L, Wu J, Li J, Du H, Wang C, Yang H, Zhou Q, Liu Z, et al. Rapid change in Yangtze fisheries and its implications for global freshwater ecosystem management [J]. Fish Fish, 2020 (21): 601-620.

[33] Jin B, Winemiller K O, Ren W, Tickner D, Wei X, Guo L, Li Q, Zhang H, Pompeu P S, Goichot M, et al. Basin-scale approach needed for Yangtze River fisheries restoration [J]. Fish Fish, 2022 (1).

[34] Shankman D, Liang Q L. Landscape changes and increasing flood frequency in China's Poyang Lake region [J]. Prof Geogr, 2003 (55): 434-445.

[35] 王俊, 张向龙, 杨新军, 等. 半干旱区社会-生态系统未来情景分析——以甘肃省榆中县北部山区为例 [J]. 生态学杂志, 2009, 28 (6): 1143-1148.

[36] 吴孔森, 孔冬艳, 安传艳. 黄河流域人地系统韧性时空演化及协调发展 [J]. 中国沙漠, 2023, 43 (6): 246-257.

[37] 史培军, 宋长青, 程昌秀. 地理协同论——从理解"人-地关系"到设计"人-地协同" [J]. 地理学报, 2019, 74 (1): 3-15.

[38] Jianguo W. Landscape sustainability science (Ⅱ): Core questions and key approaches [J]. Landscape Ecology, 2021, 36 (8): 2453-2485.

［39］王云，潘竟虎．基于生态系统服务价值重构的干旱内陆河流域生态安全格局优化——以张掖市甘州区为例［J］.生态学报，2019，39（10）：3455-3467.

［40］Yang W P, Zhao J K. Study on China's economic development from the perspective of strong sustainability［J］. Singapore Economic Review, 2020, 65（1）：161-192.

［41］吴爱琴，邓焕广，张菊，等．水岸带土壤生态环境与重金属污染研究进展［J］.中国农学通报，2015，31（6）：180-186.

［42］李青山．漓江流域水陆交错带根系分布与土壤关系［D］.北京林业大学，2014.

［43］Ambasht R S, Ambasht N K. Land-water ecotone ecology［J］. Proceedings of the National Academy of Sciences, India-Section B：Biological Sciences, 2008（78）：99-104.

［44］江西省自然资源厅．江西省国土空间总体规划（2021-2035年）［EB/OL］. http：//http：//bnr. jiangxi. gov. cn/art/2021/7/6/art_35804_3472745. html, 2021-07-15.

［45］王元钦．试论流域生态与社会协调发展的内涵与路径［J］.学术探索，2022（6）：58-64.

［46］彭建，吕丹娜，董建权，等．过程耦合与空间集成：国土空间生态修复的景观生态学认知［J］.自然资源学报，2020，35（1）：3-13.

［47］胡振鹏，傅静．长江与鄱阳湖水文关系及其演变的定量分析．水利学报，2018，49（5）：570-579.

［48］Liu H, Yuan H, Wang S, et al. Spatiotemporal dynamics of water body changes and their influencing factors in the seasonal lakes of the poyang lake region［J］. Water, 2021, 13（11）：1539-1554.

［49］孙芳蒂，马荣华．鄱阳湖水文特征动态变化遥感监测［J］.地理学报，2020，75（3）：544-557.

［50］齐述华，张秀秀，江丰，等．鄱阳湖水文干旱化发生的机制研究

［J］. 自然资源学报，2019，34（1）：168-178.

［51］马宏智，钟业喜，欧明辉，等. 基于人地关系视角的鄱阳湖水陆交错带范围划分［J］. 生态学报，2022，42（12）：4959-4967.

［52］欧明辉，钟业喜，马宏智，等. 采砂活动影响下鄱阳湖水陆交错带形态及景观格局变化［J］. 生态学报，2023，43（11）：4570-4582.

［53］钟业喜，邵海雁，徐晨璐，等. 2001—2018年鄱阳湖区土地利用及景观格局时空演变［J］. 江西师范大学学报（自然科学版），2021，45（1）：94-102.

［54］Yongxiu County People's Government. Introduction to Hexi Village in Wucheng Town. Available online［EB/OL］. http：//www. yongxiu. gov. cn/wcz/02/01/01/201807/t20180723_4876072. html.

［55］江丰，齐述华，廖富强，等. 2001-2010年鄱阳湖采砂规模及其水文泥沙效应［J］. 地理学报，2015，70（5）：837-845.

［56］陈传康，牛文元. 人地系统优化原理及区域发展模式的研究［J］. 地球科学信息，1988（6）：41-43.

［57］李秀彬. 全球环境变化研究的核心领域——土地利用/土地覆被变化的国际研究动向［J］. 地理学报，1996（6）：553-558.

［58］李小建，杨慧敏. 乡村聚落变化及发展型式展望［J］. 经济地理，2017，37（12）：1-8.

［59］Wilczak J. Making the countryside more like the countryside? rural planning and metropolitan visions in post-quake Chengdu［J］. Geoforum，2017，78（1）：110-118.

［60］金其铭. 农村聚落地理［M］. 北京：科学出版社，1988.

［61］龚梦玲，章思琴. 生计转型与资源配置变迁——以鄱阳湖渔民为例［J］. 江西社会科学，2023，43（11）：167-175.

［62］吕一河，陈利顶，傅伯杰. 景观格局与生态过程的耦合途径分析［J］. 地理科学进展，2007，（3）：1-10.

［63］Attrill M J，Rundle S D. Ecotone or ecocline：Ecological boundaries in estuaries ［J］. Estuarine Coastal and Shelf Science, 2002, 55 （6）: 929-936.

［64］ Odum E P. Fundamentals of ecology （Second edition） ［M］. Pennsylvania: Saunders WB Company, 1971.

［65］ Smith A J, Goetz E M. Climate change drives increased directional movement of landscape ecotones ［J］. Landscape Ecology, 2021, 36 （11）: 3105-3116.

［66］ Diaz S, Lavorel S, De Bello F, et al. Incorporating plant functional diversity effects in ecosystem service assessments ［J］. Proceedings of the National Academy of Sciences of the United States of America, 2007, 104 （52）: 20684-20689.

［67］ Lavorel S, Grigulis K. How fundamental plant functional trait relationships scale-up to trade-offs and synergies in ecosystem services ［J］. Journal of Ecology, 2012, 100 （1）: 128-140.

［68］ Mcgill B J, Enquist B J, Weiher E, et al. Rebuilding community ecology from functional traits ［J］. Trends in Ecology & Evolution, 2006, 21 （4）: 178-185.

［69］ Thomas J W, Maser C, Rodiek J E. Riparian zones ［C］ //Thomas J W. Wild life habitats in managed forests: The blue mountains of Oregon and Washington. Washington: USDS Forest Service Agricultural handbook, 1979: 41-47.

［70］ Meeban W R, Swanson F J, Sedell J R. Influences of riparian vegetation on aquatic ecosystems with particular references to salmonoid fishes and their food supplies ［C］ //Johnson RR, Jones DA eds. Importance, preservation and management of floodplain wetlands and other riparian ecosystems. Washington: USDA Forest Service General Technical Report, 1977: 137-145.

［71］ Stevenson R J, Hauer F R. Integrating Hydrogeomorphic and Index of Biotic Integrity approaches for environmental assessment of wetlands ［J］. Journal of the North American Benthological Society, 2002, 21 （3）: 502-513.

［72］Lowrance R, Leonard R, Sheridan J. Managing riparian ecosystems to control nonpoint pollution［J］. Journal of Soil and Water Conservation, 1985, 40（1）: 87-91.

［73］Palone R S, Todd A H. Chesapeake Bay Riparian Handbook: A guide for establishing and maintaining riparian forest buffers［M］. Radnor Pennsylvania: US Department of Agriculture, Forest Service, 1998.

［74］Nilsson C, Berggrea K. Alterations of riparian ecosystems caused by river regulation［J］. Bioscience, 2000, 50（9）: 783-793.

［75］陈吉泉. 河岸植被特征及其在生态系统和景观中的作用［J］. 应用生态学报, 1996（4）: 439-448.

［76］戴金水. 西沥水库构建生态库滨带的实践［J］. 中国水利, 2005（6）: 32-34.

［77］杨胜天, 王雪蕾, 刘昌明, 等. 岸边带生态系统研究进展［J］. 环境科学学报, 2007, 27（6）: 894-905.

［78］夏继红. 生态河岸带综合评价理论与应用研究［D］. 河海大学, 2005.

［79］Odum H T. Trophic structure and productivity of Silver Springs［J］. Folrida. Ecological Monographs, 1957（27）: 55-112.

［80］Carothers S W, Johnson R R, Aitchison S W. Population structure and social organization of southwester riparian birds［J］. American Zoology, 1973（14）: 97-108.

［81］Wang P, Ding J, He Y, et al. Ecological revetments for enhanced interception of nonpoint source pollutants: A review［J］. Environmental Reviews, 2020, 28（3）: 262-268.

［82］Heathwaite A L, Griffiths P, Parkinson R J. Nitrogen and phosphorus in runoff from grassland with buffer strips following application of fertilizers and manures［J］. Soil Use Manage, 1998（14）: 142-148.

［83］Nilsson C, Grelsson G, Johansson M, et al. Patterns of plant species richness along riverbanks [J]. Ecology, 1989, 70 (1): 77-84.

[84] Gregory S V, Swanson F J, Mckee W A, et al. An ecosystem perspective of riparian zones [J]. Bioscience, 1991, 41 (1): 540-551.

[85] Renofalt B M, Nilsson C, Jansson R. Spatial and temporal patterns of species richness in a riparian landscape [J]. Journal of Biogeography, 2005, 32 (11): 2025-2037.

[86] Naiman R J, Decamp S H, Mcclain M E. Riparian: Ecology conservation and management of streamside communities [M]. Burlington, USA: Elsevier Academic Press, 2005.

[87] Goodwid C N, Hawkins C P, Kershner J L. Riparian restoration in the western United States: Overview and perspective [J]. Restoration Ecology, 1997 (5): 4-14.

[88] O'Neill M P, Schmidt J C, Dobrowolski J P, et al. Identifying sites for riparian wetland restoration: Application of a model to the upper Arkansas River basin [J]. Restoration Ecology, 1997 (5): 85-102.

[89] 尹澄清, 邵霞, 王星. 白洋淀水陆交错带土壤对磷氮截留容量的初步研究 [J]. 生态学杂志, 1999 (5): 7-11.

[90] 尹澄清. 内陆水—陆地交错带的生态功能及其保护与开发前景 [J]. 生态学报, 1995 (3): 331-335.

[91] 汪朝辉, 王克林, 李仁东, 等. 水陆交错生态脆弱带景观格局时空变化分析——以洞庭湖区为例 [J]. 自然资源学报, 2004, 21 (2): 240-247.

[92] 姚飞, 陈龙乾, 王秉义, 等. 巢湖水陆交错带土地利用景观格局梯度分析 [J]. 水土保持研究, 2016, 23 (3): 214-219.

[93] 李青山, 王冬梅, 信忠保, 等. 漓江水陆交错带典型立地根系分布与土壤性质的关系 [J]. 生态学报, 2014, 34 (8): 2003-2011.

[94] 李青山, 王冬梅, 信忠保. 漓江水陆交错带不同立地类型草本植物根系特征 [J]. 水土保持通报, 2014, 34 (6): 236-241.

［95］李青山，王冬梅，信忠保，等．漓江水陆交错带典型灌木群落根系分布与土壤养分的关系［J］．生态学报，2015，35（15）：5104-5109.

［96］杨巧言．江西省自然地理志［M］．北京：方志出版社，2003.

［97］Liu Y B, Nishiyama S, Kusaka T. Examining landscape dynamics at a watershed scale using landsat TM imagery for detection of wintering hooded crane decline in Yashiro, Japan［J］. Environmental Management, 2003, 31（3）: 365-376.

［98］李辉，李长安，张利华，等．基于 MODIS 影像的鄱阳湖湖面积与水位关系研究［J］．第四纪研究，2008，32（2）：332-337.

［99］叶许春，吴娟，李相虎．鄱阳湖水位变化的复合驱动机制［J］．地理科学，2022，42（2）：352-361.

［100］谢冬明，郑鹏，邓红兵，等．鄱阳湖湿地水位变化的景观响应［J］．生态学报，2011，31（5）：1269-1276.

［101］游海林，徐力刚，刘桂林，等．鄱阳湖湿地景观类型变化趋势及其对水位变动的响应［J］．生态学杂志，2016，35（9）：2487-2493.

［102］李仁东，刘纪远．应用 Landsat ETM 数据估算鄱阳湖湿生植被生物量［J］．地理学报，2001（5）：531-539.

［103］叶春，赵晓松，吴桂平，等．鄱阳湖自然保护区植被生物量时空变化及水位影响［J］．湖泊科学，2013，25（5）：707-714.

［104］王艺兵，侯泽英，叶碧碧，等．鄱阳湖浮游植物时空变化特征及影响因素分析［J］．环境科学学报，2015，35（5）：1310-1317.

［105］钱奎梅，刘霞，陈宇炜．鄱阳湖丰水期着生藻类群落空间分布特征［J］．湖泊科学，2021，33（1）：102-110.

［106］彭宁彦，戴国飞，张伟，等．鄱阳湖不同湖区营养盐状态及藻类种群对比［J］．湖泊科学，2018，30（5）：1295-1308.

［107］李慧峰，曹坤，汪登强，等．鄱阳湖通江水道越冬时期鱼类群落的栖息地适宜性分析［J］．中国水产科学，2022，29（3）：341-354.

［108］胡茂林，吴志强，刘引兰．鄱阳湖湖口水域鱼类群落结构及种

类多样性 [J]. 湖泊科学, 2011, 23 (2): 246-250.

[109] 吴桂平, 叶春, 刘元波. 鄱阳湖自然保护区湿地植被生物量空间分布规律 [J]. 生态学报, 2015, 35 (2): 361-369.

[110] 刘成林, 谭胤静, 林联盛, 等. 鄱阳湖水位变化对候鸟栖息地的影响 [J]. 湖泊科学, 2011, 23 (1): 129-135.

[111] 刘淑丽, 简敏菲, 周隆胤, 等. 鄱阳湖湿地候鸟栖息地微塑料污染特征 [J]. 环境科学, 2019, 40 (6): 2639-2646.

[112] 夏少霞, 于秀波, 范娜. 鄱阳湖越冬季候鸟栖息地面积与水位变化的关系 [J]. 资源科学, 2010, 32 (11): 2072-2078.

[113] Thi Kim T, Huong N T M, Huy N D Q, et al. Assessment of the Impact of Sand Mining on Bottom Morphology in the Mekong River in An Giang Province, Vietnam, Using a Hydro-Morphological Model with GPU Computing [J]. Water, 2020, 12 (10): 2912-2936.

[114] Anh L N, Tran D D, Thong N, et al. Drastic variations in estuarine morphodynamics in Southern Vietnam: Investigating riverbed sand mining impact through hydrodynamic modelling and field controls [J]. Journal of Hydrology, 2022 (1): 608.

[115] Zou W, Tolonen K T, Zhu G, et al. Catastrophic effects of sand mining on macroinvertebrates in a large shallow lake with implications for management [J]. Science of the Total Environment, 2019 (1): 695.

[116] Mingist M, Gebremedhin S. Could sand mining be a major threat for the declining endemic Labeobarbus species of Lake Tana, Ethiopia? [J]. Singapore Journal of Tropical Geography, 2016, 37 (2): 195-208.

[117] Sreebha S, Padmalal D. Environmental impact assessment of sand mining from the small catchment rivers in the southwestern coast of India: A case study [J]. Environmental Management, 2011, 47 (1): 130-140.

[118] Ye X, Guo Q, Zhang Z, et al. Assessing hydrological and sedimentation effects from bottom topography change in a complex river-lake system of

poyang lake, China［J］. Water, 2019, 11（7）: 1489-1502.

［119］赖锡军, 黄群, 张英豪, 等. 鄱阳湖泄流能力分析［J］. 湖泊科学, 2014, 26（4）: 529-534.

［120］胡振鹏, 王仕刚. 鄱阳湖冲淤演变及水文生态效应［J］. 水利水电技术（中英文）, 2022, 53（6）: 66-78.

［121］Dufour S, Rinaldi M, Piegay H, et al. How do river dynamics and human influences affect the landscape pattern of fluvial corridors? Lessons from the Magra River, Central-Northern Italy［J］. Landscape and Urban Planning, 2015（134）: 107-118.

［122］Zhang X, Du H, Wang Y, et al. Watershed landscape ecological risk assessment and landscape pattern optimization: Take Fujiang River Basin as an example［J］. Human and Ecological Risk Assessment, 2021, 27（9-10）: 2254-2276.

［123］高祖桥, 白永平, 周亮, 等. 宁夏沿黄城市带湿地景观格局演变特征及驱动力［J］. 应用生态学报, 2020, 31（10）: 3499-3508.

［124］Forman RTT, Gordon M. Landscape Ecology［M］. New York, John Wiley & Sons, 1986.

［125］张树文, 颜凤芹, 于灵雪, 等. 湿地遥感研究进展［J］. 地理科学, 2013, 33（11）: 1406-1412.

［126］Gluck M J, Rempel R S. Structural characteristics of post-wildfire and clearcut landscapes［J］. Environmental Monitoring and Assessment, 1996, 39（1-3）: 435-450.

［127］Wu Z, Wei L, Lv Z. Landscape pattern metrics: An empirical study from 2-d to 3-d［J］. Physical Geography, 2012, 33（4）: 383-402.

［128］Dorner B, Lertzman K, Fall J. Landscape pattern in topographically complex landscapes: Issues and techniques for analysis［J］. Landscape Ecology, 2002, 17（8）: 729-743.

［129］Hashem D, Parviz A, Mahdis M. Land use change, urbanization, and change in landscape pattern in a metropolitan area [J]. Science of The Total Environment, 2019 (665): 707-719.

[130] Yeh C-T, Huang S-L. Investigating spatiotemporal patterns of landscape diversity in response to urbanization [J]. Landscape and Urban Planning, 2009, 93 (3-4): 151-162.

[131] Li P, Zuo D, Xu Z, et al. Dynamic changes of land use/cover and landscape pattern in a typical alpine river basin of the Qinghai–Tibet Plateau, China [J]. Land Degradation & Development, 2021, 32 (15): 4327-4339.

[132] Fan C, Myint S. A comparison of spatial autocorrelation indices and landscape metrics in measuring urban landscape fragmentation [J]. Landscape and Urban Planning, 2014 (121): 117-128.

[133] Lawler J J, Lewis D J, Nelson E, et al. Projected land-use change impacts on ecosystem services in the United States [J]. Proceedings of the National Academy of Sciences of the United States of America, 2014, 111 (20): 7492-7497.

[134] Estoque R C, Murayama Y, Myint S W. Effects of landscape composition and pattern on land surface temperature: An urban heat island study in the megacities of Southeast Asia [J]. Science of the Total Environment, 2017 (577): 349-359.

[135] Roces-Diaz J V, Diaz-Varela E R, Alvarez-Alvarez P. Analysis of spatial scales for ecosystem services: Application of the lacunarity concept at landscape level in Galicia (NW Spain) [J]. Ecological Indicators, 2014 (36): 495-507.

[136] Kim J-H, Gu D, Sohn W, et al. Neighborhood landscape spatial patterns and land surface temperature: An empirical study on single-family residential areas in Austin, Texas [J]. International Journal of Environmental Research and Public Health, 2016, 13 (9): 880-895.

[137] 田鹏, 李加林, 叶梦姚, 等. 基于地貌类型的中国东海大陆海

岸带景观动态分析［J］. 生态学报, 2020, 40 (10): 3351-3363.

［138］秦钰莉, 颜七笙, 蔡建辉. 鄱阳湖湿地南部区域景观格局演变与动态模拟［J］. 长江科学院院报, 2020, 37 (6): 171-178.

［139］史娜娜, 韩煜, 王琦, 等. 新疆南部地区风沙扩散风险评价及景观格局优化［J］. 地理学报, 2021, 76 (1): 73-86.

［140］宋乃平, 陈晓莹, 王磊, 等. 宁夏农牧交错带村域景观演替及驱动机制［J］. 应用生态学报, 2022, 33 (5): 1387-1394.

［141］Baumann M, Kuemmerle T, Elbakidze M, et al. Patterns and drivers of post-socialist farmland abandonment in Western Ukraine［J］. Land Use Policy, 2011, 28 (3): 552-562.

［142］Bowles T M, Acosta-Martinez V, Calderon F, et al. Soil enzyme activities, microbial communities, and carbon and nitrogen availability in organic agroecosystems across an intensively-managed agricultural landscape［J］. Soil Biology & Biochemistry, 2014 (68): 252-262.

［143］Torres A, Jaeger J G, Alonso J C. Multi-scale mismatches between urban sprawl and landscape fragmentation create windows of opportunity for conservation development［J］. Landscape Ecology, 2016, 31 (10): 2291-2305.

［144］Ruiz-Martinez I, Debolini M, Sabbatini T, et al. Agri-urban patterns in Mediterranean urban regions: The case study of Pisa［J］. Journal of Land Use Science, 2020, 15 (6): 721-739.

［145］Wolff S, Huttel S, Nendel C, et al. Agricultural landscapes in brandenburg, germany: An analysis of characteristics and spatial patterns［J］. International Journal of Environmental Research, 2021, 15 (3): 487-507.

［146］Hao R, Yu D, Liu Y, et al. Impacts of changes in climate and landscape pattern on ecosystem services［J］. Science of the Total Environment, 2017 (579): 718-728.

［147］梁友嘉, 刘丽珺. 生态系统服务与景观格局集成研究综述［J］. 生态学报, 2018, 38 (20): 7159-7167.

[148] 齐述华，张起明，江丰，等．水位对鄱阳湖湿地越冬候鸟生境景观格局的影响研究［J］．自然资源学报，2014，29（8）：1345-1355.

[149] 黄孟勤，李阳兵，冉彩虹，等．三峡库区腹地山区农业景观格局动态变化与转型［J］．地理学报，2021，76（11）：2749-2764.

[150] 梁加乐，陈万旭，李江风，等．黄河流域景观破碎化时空特征及其成因探测［J］．生态学报，2022，42（5）：1993-2009.

[151] 金佳莉，王成，贾宝全．我国4个典型城市近30年绿色空间时空演变规律［J］．林业科学，2020，56（3）：61-72.

[152] 叶鑫，顾羊羊，林乃峰，等．自然保护区及周边的景观格局变化与驱动力分析——以贵州省兴义坡岗自然保护区为例［J］．山地学报，2023，41（1）：68-81.

[153] 李明珍，李阳兵，冉彩虹．土地利用转型背景下的乡村景观格局演变响应——基于草堂溪流域的样带分析［J］．自然资源学报，2020，35（9）：2283-2298.

[154] 瞿植，罗漫雅，赵永华，等．黄河流域大型天然湖泊面积与岸线形态的时空动态［J］．应用生态学报，2023，34（4）：1102-1108.

[155] 谢聪．土地利用变化影响下的中国湖泊动态遥感监测研究［D］．武汉大学，2019.

[156] 黄菲帆，张科，黄世鑫，等．过去百年来中国东部浅水湖泊水生植被演化模式［J］．中国科学（地球科学），2021，51（11）：1923-1934.

[157] 王润，Ernst Giese，高前兆．近期博斯腾湖水位变化及其原因分析［J］．冰川冻土，2003（1）：60-64.

[158] Quincey D J, Richardson S D, Luckman A, et al. Early recognition of glacial lake hazards in the Himalaya using remote sensing datasets［J］. Global and Planetary Change, 2007, 56 (1-2): 137-152.

[159] Bengtsson L, Ali-Maher O. The dependence of the consumption of dissolved oxygen on lake morphology in ice covered lakes［J］. Hydrology Re-

search, 2020, 51 (3): 381-391.

[160] 赵力强, 张律吕, 王乃昂, 等. 巴丹吉林沙漠湖泊形态初步研究 [J]. 干旱区研究, 2018, 35 (5): 1001-1011.

[161] Moses S A, Janaki L, Joseph S, et al. Influence of lake morphology on water quality [J]. Environmental Monitoring and Assessment, 2011, 182 (1-4): 443-454.

[162] Winslow L A, Read J S, Hanson P C, et al. Does lake size matter? Combining morphology and process modeling to examine the contribution of lake classes to population-scale processes [J]. Inland Waters, 2015, 5 (1): 7-14.

[163] Schilder J, Bastviken D, Van Hardenbroek M, et al. Spatial heterogeneity and lake morphology affect diffusive greenhouse gas emission estimates of lakes [J]. Geophysical Research Letters, 2013, 40 (21): 5752-5756.

[164] 王哲, 刘凯, 詹鹏飞, 等. 近三十年青藏高原内流区湖泊岸线形态的时空演变 [J]. 地理研究, 2022, 41 (4): 980-996.

[165] 李新国, 江南, 王红娟, 等. 近30年来太湖流域湖泊岸线形态动态变化 [J]. 湖泊科学, 2005 (4): 294-298.

[166] 王红娟, 姜加虎, 李新国. 岱海湖泊岸线形态变化研究 [J]. 长江流域资源与环境, 2006 (5): 674-677.

[167] Valbuena D, Verburg P, Veldkamp A, Bregt A K, Ligtenberg A. Effects of farmers' decisions on the landscape structure of a Dutch rural region: An agent-based approach [J]. Landsc. Urban Plan, 2010 (97): 98-110.

[168] Erickson D L, Ryan R L, De Young R. Woodlots in the rural landscape: Landowner motivations and management attitudes in a Michigan (USA) case study [J]. Landsc. Urban Plan, 2002 (58): 101-112.

[169] De Groot R. Function-analysis and valuation as a tool to assess land use conflicts in planning for sustainable, multi-functional landscapes [J]. Landsc. Urban Plan, 2006 (75): 175-186.

[170] Vogt N D, Pinedo-Vasquez M, Brondizio E S, Almeida O, Rivero

S. Forest transitions in mosaic landscapes: Smallholder's flexibility in land-resource use decisions and livelihood strategies from World War II to the present in the Amazon Estuary [J]. Soc. Nat. Resour, 2015 (28): 1043-1058.

[171] You H, Zhang X. Sustainable livelihoods and rural sustainability in China: Ecologically secure, economically efficient or socially equitable? [J]. Resour Conserv Recycl, 2017 (120): 1-13.

[172] Nguyen Q H, Tran D D, Dang K K, Korbee D, Pham L D M H, Vu L T, Luu T T, Ho L H, Nguyen P T, Ngo T T T, et al. Land-use dynamics in the Mekong delta: From national policy to livelihood sustainability [J]. Sustain Dev, 2020 (28): 448-467.

[173] Roche L M. Adaptive rangeland decision-making and coping with drought [J]. Sustainability, 2016 (8): 1334.

[174] Azumah S B, Adzawla W, Donkoh S A, Anani P Y. Effects of climate adaptation on households' livelihood vulnerability in South Tongu and Zabzugu districts of Ghana [J]. Clim Dev, 2021 (13): 256-267.

[175] Eakin H, Appendini K, Sweeney S, Perales H. Correlates of maize land and livelihood change among maize farming households in Mexico [J]. World Dev, 2015 (70): 78-91.

[176] Zhang B, Sun P, Jiang G, Zhang R, Gao J. Rural land use transition of mountainous areas and policy implications for land consolidation in China [J]. J. Geogr Sci, 2019 (29): 1713-1730.

[177] Carr E R, McCusker B. The co-production of land use and livelihoods change: Implications for development interventions [J]. Geoforum, 2009 (40): 568-579.

[178] 周国华, 彭佳捷. 空间冲突的演变特征及影响效应——以长株潭城市群为例 [J]. 地理科学进展, 2012, 31 (6): 717-723.

[179] 陈昕, 彭建, 刘焱序, 等. 基于"重要性-敏感性-连通性"框架的云浮市生态安全格局构建 [J]. 地理研究, 2017, 36 (3): 471-484.

［180］于婧，汤昇，陈艳红，等．山水资源型城市景观生态风险评价及生态安全格局构建——以张家界市为例［J］．生态学报，2022，42（4）：1290-1299.

［181］霍童，张序，周云，等．基于暴露-敏感-适应性模型的生态脆弱性时空变化评价及相关分析——以中国大运河苏州段为例［J］．生态学报，2022，42（6）：2281-2293.

［182］Cui H L，Liu M，Chen C. Ecological restoration strategies for the topography of loess plateau based on adaptive ecological sensitivity evaluation：A case study in Lanzhou, China［J］. Sustainability, 2022, 14（5）.

［183］吴远翔，陆明，金华，等．基于生态服务-生态健康综合评估的城市生态保护规划研究［J］．中国园林，2020，36（9）：98-103.

［184］Li Y C，Fan Z Y，Li Z H，et al. Exploring development trends of terrestrial ecosystem health—A case study from China［J］. Land, 2021, 11（1）.

［185］Ahern J. Urban landscape sustainability and resilience：The promise and challenges of integrating ecology with urban planning and design［J］. Landscape Ecology, 2013, 28（6）.

［186］Barata-Salgueiro T，Erkip F. Retail planning and urban resilience-An introduction to the special issue［J］. Cities, 2014（36）.

［187］Holling C S. Resilience and stability of ecological systems［J］. Annual Review of Ecology and Systematics, 1973, 4（4）：1-23.

［188］邵亦文，徐江．城市韧性：基于国际文献综述的概念解析［J］．国际城市规划，2015，30（2）：48-54.

［189］Nuno G，Filipe R，Raúl A，et al. Mental toughness and resilience in trail tunner's performance［J］. Perceptual and Motor Skills, 2023, 130（3）.

［190］杜金莹，唐晓春，徐建刚．热带气旋灾害影响下的城市韧性提升紧迫度评估研究——以珠江三角洲地区的城市为例［J］．自然灾害学报，2020，29（5）：88-98.

［191］孙久文，孙翔宇．区域经济韧性研究进展和在中国应用的探索

［J］．经济地理，2017，37（10）：1-9.

［192］Ahern J. From fail-safe to safe-to-fail：Sustainability and resilience in the new urban world［J］. Landscape and Urban Planning，2011，100（4）：341-343.

［193］Carpenter S，Walker B，Anderies J M，et al. From metaphor to measurement：Resilience of what to what?［J］. Ecosystems，2001，4（8）：765-781.

［194］Walker B H，Holling C S，Carpenter S R，et al. Resilience，adaptability and transformability in social-ecological systems［J］. Ecology and Society，2004，9（2）：5-12.

［195］Folke C. Resilience：The emergence of a perspective for social-ecological systems analyses［J］. Recent Developments in Ecological Economics，2008（1）：54-68.

［196］Rees C. Resilience thinking：Sustaining ecosystems and people in a changing world［J］. Northeastern Naturalist，2007，14（4）：662.

［197］Biggs R，Carpenter S R，Brock W A. Turning back from the brink：Detecting an impending regime shift in time to avert it［J］. Proceedings of the National Academy of Sciences of the United States of America，2009，106（3）：826-831.

［198］Meerow S，Newell J P，Stults M. Defining urban resilience：A review［J］. Landscape and Urban Planning，2016（147）：38-49.

［199］Johanna H，Susannah M，Helena Q L，et al. Towards an understanding of resilience：Responding to health systems shocks［J］. Health Policy and Planning，2018，33（10）．

［200］高海翔，陈颖，黄少伟，等．配电网韧性及其相关研究进展［J］．电力系统自动化，2015，39（23）：1-8.

［201］李连刚，张平宇，谭俊涛，等．韧性概念演变与区域经济韧性研究进展［J］．人文地理，2019，34（2）：1-7+151.

［202］李亚，翟国方，顾福妹．城市基础设施韧性的定量评估方法研究综述［J］．城市发展研究，2016，23（6）：113-122.

［203］孙阳，张落成，姚士谋．基于社会生态系统视角的长三角地级城市韧性度评价［J］．中国人口·资源与环境，2017，27（8）：151-158.

［204］白立敏，修春亮，冯兴华，等．中国城市韧性综合评估及其时空分异特征［J］．世界地理研究，2019，28（6）：77-87.

［205］Matthews C E, Sattler M, Friedland J C. A critical analysis of hazard resilience measures within sustainability assessment frameworks［J］. Environmental Impact Assessment Review, 2014（49）：59-69.

［206］李亚，翟国方．我国城市灾害韧性评估及其提升策略研究［J］．规划师，2017，33（8）：5-11.

［207］王鸿江，申俊龙．应对突发公共卫生事件社区韧性能力提升探讨——以新冠肺炎疫情防控为例［J］．中国农村卫生事业管理，2022，42（3）：215-218.

［208］曾坚，王倩雯，郭海沙．国际关于洪涝灾害风险研究的知识图谱分析及进展评述［J］．灾害学，2020，35（2）：127-135.

［209］李杨帆，向枝远，杨奕等．基于韧性理念的海岸带生态修复规划方法及应用［J］．自然资源学报，2020，35（1）：130-140.

［210］Zehra R Z, Mark P. Institutionally configured risk：Assessing urban resilience and disaster risk reduction to heat wave risk in London［J］. Urban Studies, 2015, 52（7）.

［211］Campanella T J. Urban resilience and the recovery of New Orleans［J］. Journal of the American Planning Association, 2006, 72（2）：141-146.

［212］王松茂，牛金兰．山东半岛城市群城市生态韧性的动态演化及障碍因子分析［J］．经济地理，2022，42（8）：51-61.

［213］朱媛媛，汪紫薇，乔花芳，等．大别山革命老区旅游地"乡土-生态"系统韧性演化规律及影响机制［J］．自然资源学报，2022，37（7）：1748-1765.

［214］刘志敏，叶超．社会—生态韧性视角下城乡治理的逻辑框架［J］．地理科学进展，2021，40（1）：95-103.

［215］王婷，邹紫涵，周国华，等．高质量发展下城市生态韧性的测度框架［J］．湖南师范大学自然科学学报，2022，45（5）：33-40.

［216］夏楚瑜，董照樱子，陈彬．城市生态韧性时空变化及情景模拟研究——以杭州市为例［J］．生态学报，2022，42（1）：116-126.

［217］蒋文鑫，吴军，徐建刚．城市生态韧性与经济发展水平耦合协调关系研究——以江苏省为例［J］．资源开发与市场，2023，39（3）：299-308+318.

［218］朱晏君，李红波，胡晓亮，等．欠发达地区县域乡村社会-生态系统韧性研究——以山西省静乐县为例［J］．湖南师范大学自然科学学报，2022，45（1）：11-19+56.

［219］Xie X L, Zhou G N, Yu S B. Study on rural ecological resilience measurement and optimization strategy based on PSR— "Taking Weiyuan in Gansu Province as an Example" ［J］. Sustainability, 2023, 15（6）.

［220］R. D S, T. D C, Mehrshad A, et al. Coupled Urban Change and Natural Hazard Consequence Model for Community Resilience Planning ［J］. Earth's Future, 2022, 10（12）.

［221］王少剑，崔子恬，林靖杰，等．珠三角地区城镇化与生态韧性的耦合协调研究［J］．地理学报，2021，76（4）：973-991.

［222］陶洁怡，董平，陆玉麒．长三角地区生态韧性时空变化及影响因素分析［J］．长江流域资源与环境，2022，31（9）：1975-1987.

［223］Shi C C, Zhu X P, Wu H W, et al. Assessment of urban ecological resilience and its influencing factors: A case study of the Beijing-Tianjin-Hebei Urban Agglomeration of China ［J］. Land, 2022, 11（6）.

［224］Feng X H, Tang Y, Bi M Y, et al. Analysis of urban resilience in water network cities based on Scale-Density-Morphology-Function（SDMF）framework: A case study of Nanchang City, China ［J］. Land, 2022, 11（6）.

［225］Yuan Y, Bai Z K, Zhang J N, et al. Increasing urban ecological resilience based on ecological security pattern: A case study in a resource-based city［J］. Ecological Engineering, 2022（175）.

［226］陈刚, 王琳, 王晋, 等. 基于景观生态格局的水生态韧性空间构建［J］. 人民黄河, 2020, 42（5）: 87-90+96.

［227］邬建国. 景观生态学——格局、过程、尺度与等级［M］. 北京: 高等教育出版社, 2000.

［228］陈文波, 肖笃宁, 李秀珍. 景观指数分类、应用及构建研究［J］. 应用生态学报, 2002（1）: 121-125.

［229］陈利顶, 李秀珍, 傅伯杰, 等. 中国景观生态学发展历程与未来研究重点［J］. 生态学报, 2014, 34（12）: 3129-3141.

［230］马克明, 傅伯杰, 黎晓亚, 等. 区域生态安全格局: 概念与理论基础［J］. 生态学报, 2004（4）: 761-768.

［231］Tumer M G, Dale V H, Gardner R H. Predieting acrossseales: Theory development and testing［J］. Landscape Ecology, 1989（3）: 245-252.

［232］Lambin E F. Modeling and monitoring land-cover change processes in tropical regions［J］. Progress in physical Geography, 1997（21）: 375-393.

［233］Ma L, Liu S, Niu Y, Chen M. Village-scale livelihood change and the response of rural settlement land use: Sihe village of Tongwei County in mid-gansu loess hilly region as an example［J］. International Journal of Environmental Research and Public Health, 2018（15）.

［234］Huang H, Zhou Y, Qian M, Zeng Z. Land use transition and driving forces in Chinese loess plateau: A case study from Pu County, Shanxi Province［J］. Land, 2021（10）.

［235］Long H, Zhang Y, Ma L, Tu S. Land use transitions: Progress, challenges and prospects［J］. Land, 2021（10）.

［236］Niu B, Ge D, Yan R, Ma Y, Sun D, Lu M, Lu Y. The evolution of the interactive relationship between urbanization and land-use transition: A case study of the Yangtze River delta ［J］. Land, 2021 （10）.

［237］Chen K, Long H, Liao L, Tu S, Li T. Land use transitions and ur-ban-rural integrated development: Theoretical framework and China's evidence ［J］. Land Use Policy, 2020 （92）.

［238］Liang X, Li Y, Shao J, Ran C. Traditional agroecosystem transition in mountainous area of Three Gorges Reservoir Area ［J］. Journal of Geographical Sciences, 2020 （30）: 281-296.

［239］Huang M, Li Y, Ran C, Li M. Dynamic changes and transitions of agricultural landscape patterns in mountainous areas: A case study from the hin-terland of the Three Gorges Reservoir Area ［J］. Journal of Geographical Sci-ences, 2022 （32）: 1039-1058.

［240］Vitousek P M, Mooney H A, Lubchenco J. Human domination of Earth's ecosystems. ［J］. Science, 1997, 277 （5325）: 494-499.

［241］Xu C Y, Li B W, Kong F B, et al. Spatial-temporal variation, driving mechanism and management zoning of ecological resilience based on RSEI in a coastal metropolitan area ［J］. Ecological Indicators, 2024 （1）: 158.

［242］郝兆印, 王成新, 白铭月, 等. "两山论": 人地关系理论的中国实践与时代升华 ［J］. 中国人口·资源与环境, 2022, 32 （3）: 136-144.

［243］余谋昌. 生态文明与可持续发展 ［J］. 绿色中国, 2019 （4）: 61-63.

［244］杨振山, 丁悦, 李娟. 城市可持续发展研究的国际动态评述 ［J］. 经济地理, 2016, 36 （7）: 9-18.

［245］Holling C S. From complex regions to complex worlds ［J］. Ecology and Society, 2004, 9 （1）: 11.

［246］黄怀萱. 基于高分1号影像的鄱阳湖水陆交错带植被演替分析 ［J］. 江西科学, 2019, 37 （3）: 335-340+427.

［247］杨桂山, 徐昔保. 长江经济带 "共抓大保护、不搞大开发" 的

基础与策略 [J]. 中国科学院院刊, 2020, 35 (8): 940-950.

[248] 张立贤, 任浙豪, 陈斌, 等. 中国长时间序列逐年人造夜间灯光数据集 (1984—2020) [J/OL]. 国家青藏高原科学数据中心, DOI: 10.11888/Socioeco. tpdc. 271202. CSTR: 18406. 11. Socioeco. tpdc. 271202.

[249] 王诗琪, 周振宏, 刘东义, 等. 基于土地利用变化的巢湖流域景观格局变化研究 [J]. 延边大学农学学报, 2022, 44 (4): 84-93.

[250] 刘强, 尉飞鸿, 夏雪, 等. 1980—2020 年窟野河流域土地利用景观格局演变及其驱动力 [J]. 水土保持研究, 2023, 30 (5): 335-341.

[251] 孙晶, 王俊, 杨新军. 社会—生态系统恢复力研究综述 [J]. 生态学报, 2007 (12): 5371-5381.

[252] Mackay A. Climate change 2007: Impacts, adaptation and vulnerability. Contribution of working group Ⅱ to the fourth assessment report of the intergovernmental panel on climate change [J]. Journal of Environmental Quality, 2008, 37 (6): 2407.

[253] 张玉娇, 曾杰, 陈万旭, 等. 基于适应性循环的丹江口库区生态风险评价 [J]. 水土保持研究, 2022, 29 (1): 349-360.

[254] Luo F H, Liu Y X, Peng J, et al. Assessing urban landscape ecological risk through an adaptive cycle framework [J]. Landscape and Urban Planning, 2018 (180): 125-134.

[255] 刘焱序, 王仰麟, 彭建, 等. 基于生态适应性循环三维框架的城市景观生态风险评价 [J]. 地理学报, 2015, 70 (7): 1052-1067.

[256] 景培清, 张东海, 艾泽民, 等. 基于格局—过程生态适应性循环三维框架的自然景观生态风险评价——以黄土高原为例 [J]. 生态学报, 2021, 41 (17): 7026-7036.

[257] 王富喜, 毛爱华, 李赫龙, 等. 基于熵值法的山东省城镇化质量测度及空间差异分析 [J]. 地理科学, 2013, 33 (11): 1323-1329.

[258] 顾寒月, 王群, 杨万明. 旅游地适应性循环模型修正及实证研究——以大别山区金寨县为例 [J]. 旅游学刊, 2020, 35 (6): 125-134.

［259］Zhang H T, Liu Y C, Li J L, et al. Evaluation and analysis of coastal complex ecological resilience based on multidimensional data: A case study of East China Sea ［J］. Ecological Indicators, 2023（155）.

［260］任丽雯, 王兴涛, 刘明春, 等. 石羊河流域植被净初级生产力时空变化及驱动因素 ［J］. 干旱区研究, 2023, 40（5）: 818-828.

［261］刘一丹, 姚晓军, 李宗省, 等. 气候变化和土地利用覆盖变化对河西地区植被净初级生产力的影响 ［J］. 干旱区研究, 2024, 41（1）: 169-180.

［262］路畅, 马龙, 刘廷玺, 等. 1951~2018 年中国年降水量及气象干旱的时空变异 ［J］. 应用生态学报, 2022, 33（6）: 1572-1580.

［263］顾婷婷, 周锁铨, 邵步粉, 等. 鄱阳湖区域植被覆盖变化与降水相互响应关系 ［J］. 生态学杂志, 2009, 28（6）: 1060-1066.

［264］吴菊平. 滇中城市群城市韧性时空格局演变及影响因素研究 ［D］. 云南师范大学, 2022.

［265］杨朝辉, 苏群, 陈志辉, 等. 基于 LDI 的土地利用类型与湿地水质的相关性: 以苏州太湖三山岛国家湿地公园为例 ［J］. 环境科学, 2017, 38（1）: 104-112.

［266］刘恋, 曾繁翔, 付志强, 等. 鄱阳湖星子站水位 62 年变化规律分析 ［J］. 人民长江, 2016, 47（3）: 96-98.

［267］Zou L, Hu B, Qi S, et al. Spatiotemporal variation of siberian crane habitats and the response to water level in poyang lake wetland, China ［J］. Remote Sensing, 2021, 13（1）: 140-159.

［268］梁发超, 刘黎明. 景观分类的研究进展与发展趋势 ［J］. 应用生态学报, 2011, 22（6）: 1632-1638.

［269］周源, 肖文发, 范文义. "3S" 技术在景观生态学中的应用 ［J］. 世界林业研究, 2007, 20（2）: 38-44.

［270］李建飞, 李小兵, 周义. 2000~2015 年乌兰察布市生长季 NDVI 时空变化及其影响因素 ［J］. 干旱区研究, 2019, 36（5）: 1238-1249.

［271］穆少杰，李建龙，陈奕兆，等．2001-2010 年内蒙古植被覆盖度时空变化特征［J］.地理学报，2012，67（9）：1255-1268.

［272］丁凤．基于新型水体指数（NWI）进行水体信息提取的实验研究［J］.测绘科学，2009，34（4）：155-157.

［273］Duan H，Cao Z，Shen M，et al. Detection of illicit sand mining and the associated environmental effects in China's fourth largest freshwater lake using daytime and nighttime satellite images［J］. Science of the Total Environment，2019（647）：606-618.

［274］郑永超，陆建忠，陈莉琼，等．基于 GF-1 WFV 的 2013～2020 年鄱阳湖采砂活动时空动态监测［J］.湖泊科学，2022，34（6）：2144-2155.

［275］Wu G，De Leeuw J，Skidmore A K，et al. Performance of landsat TM in ship detection in turbid waters［J］. International Journal of Applied Earth Observation and Geoinformation，2009，11（1）：54-61.

［276］De Leeuw J，Shankman D，Wu G，et al. Strategic assessment of the magnitude and impacts of sand mining in Poyang Lake，China［J］. Regional Environmental Change，2010，10（2）：95-102.

［277］黄聪，赵小敏，郭熙，等．基于核密度的余江县农村居民点布局优化研究［J］.中国农业大学学报，2016，21（11）：165-174.

［278］杨阳，唐晓岚．长江流域国家级自然保护地空间分布特征及其影响因素［J］.长江流域资源与环境，2022，31（11）：2430-2448.

［279］陈晨，修春亮，陈伟，等．基于 GIS 的北京地名文化景观空间分布特征及其成因［J］.地理科学，2014，34（4）：420-429.

［280］赵作权．地理空间分布整体统计研究进展［J］.地理科学进展，2009，28（1）：1-8.

［281］夏汉军，袁孟琪，杨智，等．常德市住宿业空间结构时空演化特征及影响因素［J］.经济地理，2020，40（6）：156-165.

［282］陈雪莹，高雪娇，许嘉巍，等．长白山风灾景观 30 年格局变化

过程分析 [J]. 生态学报, 2022, 42 (4): 1327-1339.

[283] 邬建国. 景观生态学——格局、过程、尺度与等级 (第二版) [M]. 北京: 高等教育出版社, 2007.

[284] 李娜娜. 四川省湿地景观格局时空演变与驱动力研究 [D]. 四川农业大学, 2020.

[285] 孙新轩, 吕蓬, 李磊. 利用最小二乘法检测缓冲区海岸线变化研究 [J]. 信息工程大学学报, 2014, 15 (1): 12-16.

[286] 沈昆明, 李安龙, 蒋玉波, 等. 基于数字岸线分析系统的海岸线时空变化速率分析——以海州湾为例 [J]. 海洋学报, 2020, 42 (5): 117-127.

[287] 袁麒翔, 李加林, 徐谅慧, 等. 近40 a象山港潮汐汊道岸线的时空变化特征及其与人类活动的关系 [J]. 应用海洋学学报, 2015, 34 (2): 279-290.

[288] 刘荣娟, 濮励杰, 朱明, 等. 2000~2020年江苏省如东海岸线与滩涂围垦时空演变及影响机 [J]. 地理研究, 2021, 40 (8): 2367-2379.

[289] Azad S T, Moghaddassi N, Sayehbani M. Digital shoreline analysis system improvement for uncertain data detection in measurements [J]. Environmental Monitoring and Assessment, 2022, 194 (9): 646-663.

[290] 曹荣龙, 李存军, 刘良云, 等. 基于水体指数的密云水库面积提取及变化监测 [J]. 测绘科学, 2008, 33 (2): 158-160.

[291] 刘蕾, 臧淑英, 邵田田, 等. 基于遥感与GIS的中国湖泊形态分析 [J]. 国土资源遥感, 2015, 27 (3): 92-98.

[292] 齐贵增, 白红英, 赵婷, 等. 秦岭陕西段南北坡植被对干湿变化响应敏感性及空间差异 [J]. 地理学报, 2021, 76 (1): 44-56.

[293] 赵军凯, 李立现, 李九发, 等. 人类活动对鄱阳湖水位变化的影响 [J]. 水文, 2020, 40 (4): 53-60.

[294] 赵军凯, 李立现, 李九发, 等. 鄱阳湖水位变化趋势性对人类

活动响应分析 [J]. 江西师范大学学报（自然科学版），2019，43（5）：532-544.

[295] 吴桂平，刘元波，范兴旺. 近30年来鄱阳湖湖盆地形演变特征与原因探析 [J]. 湖泊科学，2015，27（6）：1168-1176.

[296] Yao J, Zhang Q, Ye X C, et al. Quantifying the impact of bathymetric changes on the hydrological regimes in a large floodplain lake：Poyang lake [J]. Journal of Hydrology, 2018（561）：711-723.

[297] 汪丹，王点，齐述华. 鄱阳湖水位-淹水面积关系不确定性的分析 [J]. 长江流域资源与环境，2016，25（S1）：95-102.

[298] 谷娟，秦怡，王鑫，等. 鄱阳湖水体淹没频率变化及其湿地植被的响应 [J]. 生态学报，2018，38（21）：7718-7726.

[299] 王欢，陈文波，何蕾，等. 鄱阳湖不同水文连通性子湖水生植被覆盖度对年际水位变化的响应 [J]. 应用生态学报，2022，33（1）：191-200.

[300] Wan R, Dai X, Shankman D. Vegetation response to hydrological changes in Poyang Lake, China [J]. Wetlands, 2019, 39（Suppl 1）：99-112.

[301] Zou L, Hu B, Qi S, et al. Spatiotemporal variation of siberian crane habitats and the response to water level in Poyang Lake Wetland, China [J]. Remote Sensing, 2021, 13（1）：140-159.

[302] 向诗月，程和琴，滕立志. 鄱阳湖流域侵蚀基准面近期变化及其影响 [J]. 泥沙研究，2021，46（5）：48-54.

[303] 欧阳千林. 鄱阳湖近10年来冲淤变化特征及成因分析 [J]. 江西水利科技，2021，47（05）：335-340.

[304] 浦欣成. 传统乡村聚落二维平面整体形态的量化方法研究 [D]. 浙江大学，2012.

[305] 李巍，杨哲. 高寒民族地区乡村聚落边界形态量化研究——以甘南州夏河县为例 [J]. 西北师范大学学报（自然科学版），2019，55

（1）：102-108.

［306］姚浪 . 沿黄城镇带（陕北段）传统村落空间形态与优化策略研究［D］. 长安大学，2021.

［307］赵万民，廖心治，王华 . 山地形态基因解析：历史城镇保护的空间图谱方法认知与实践［J］. 规划师，2021，37（1）：50-57.

［308］齐童 . 西南地区乡村人居环境建设的技术模式及发展趋势研究［J］. 规划师，2021，37（S1）：73-81.

［309］鹿宇，于连莉，商桐 . 青岛涉海村庄空间规划编制探讨［J］. 规划师，2021，37（S2）：50-55.

［310］曲衍波 . 论乡村聚落转型［J］. 地理科学，2020，40（4）：572-580.

［311］傅丽华，谢美，彭耀辉，等 . 旅游型乡村生态空间演化与重构——以茶陵县卧龙村为例［J］. 生态学报，2021，41（20）：8052-8062.

［312］兴灿，何强，陈一，张秀华，周健，尚巍 . 城市河湖水体综合整治与品质提升技术研究及示范应用［J］. 中国给水排水，2022，38（10）：1-9.

［313］Xie Y, Jiang Q. Land arrangements for rural-urban migrant workers in China：Findings from Jiangsu Province［J］. Land Use Policy, 2016（50）：262-267.

［314］Tilt B. Smallholders and the "Household responsibility system"：Adapting to institutional change in Chinese agriculture［J］. Hum Ecol, 2008（36）：189-199.

［315］Chen K, Brown C. Addressing shortcomings in the Household Responsibility System-Empirical analysis of the Two-Farmland System in Shandong Province. , China［J］. Econ Rev, 2001（12）：280-292.

［316］Zhang L, Song J, Hua X, Li X, Ma D, Ding M. Smallholder rice farming practices across livelihood strategies：A case study of the Poyang Lake Plain, China［J］. J. Rural Stud, 2022（89）：199-207.

［317］Zhong T, Si Z, Shi L, Ma L, Liu S. Impact of state-led food localization on suburban districts' farmland use transformation: Greenhouse farming expansion in Nanjing city region, China Landsc ［J］. Urban Plan, 2020 （202）: 103872.

［318］Zhong T, Si Z, Scott S, Crush J, Yang K, Huang X. Comprehensive food system planning for urban food security in Nanjing, China ［J］. Land, 2021 （10）: 1090.

［319］Yu B, Song W, Lang Y. Spatial patterns and driving forces of greenhouse land change in Shouguang City, China ［J］. Sustainability, 2017 （9）: 359.

［320］Shankman D, Keim B D, Song J. Flood frequency in China's Poyang Lake region: Trends and teleconnections ［J］. Int J Climatol, 2006 （26）: 1255-1266.

［321］Welcomme R L, Valbo-Jorgensen J, Halls A S. Inland fisheries evolution and management-case studies from four continents ［M］. Food and Agriculture Organization of the United Nations （FAO）: Rome, Italy, 2014.

［322］Zeng X. Fishery resources of the Yangtze River basin ［M］. Marine Press: Beijing, China, 1990.

［323］Wen Y M. The ministry of agriculture of the People's Republic of China issued a spring fishing ban in the Yangtze River basin today. Available online ［EB/OL］. https: //www. chinanews. com. cn/2002 - 04 - 01/26/174488. html （accessed on 1 February 2022）.

［324］Chen Y, Qu X, Xiong F, Lu Y, Wang L, Hughes R M. Challenges to saving China's freshwater biodiversity: Fishery exploitation and landscape pressures ［J］. Ambio, 2020 （49）: 926-938.

［325］Zhang L J, Li S Z, Wen L Y, Lin D D, Abe E M, Zhu R, Du Y, Lv S, Xu J, Webster B L, et al. The establishment and function of schistosomiasis surveillance system towards elimination in The People's Republic of China

[J]. Adv Parasitol 2016, 92, 117-141.

[326] Cao C-L, Bao Z-P, Yang P-C, Chen Z, Yan J, Ren G-H, Li Y-Y, Cai S-X, Liu J-B, Xu J, et al. Schistosomiasis control effect of measures of replacing cattle with machine for cultivation and forbidding depasturage of livestock on marshlands in marshland and lake regions [J]. Schistosomiasis Control, 2014 (26): 602-607.

[327] Bhat M S, Arya S S. Technofunctional, rheological, thermal and structural properties of gorgon nut (Eurayle ferox) as affected by drying temperature [J]. J. Food Process Eng, 2021 (44): e13713.

[328] Suo A, Wang C, Zhang M. Analysis of sea use landscape pattern based on GIS: A case study in Huludao, China [J]. Springer Plus, 2016 (5): 1587.

[329] Yuan H, Zhang R. Changes in wetland landscape patterns on Yinchuan Plain, China [J]. Int J. Sustain Dev World Ecol, 2010 (17): 236-243.

[330] Fu B, Chen L, Ma K, Wang Y. Theory and applications of landscape ecology [M]. Science Press: Beijing, China, 2001: 202-205.

[331] Tang J, Wang L, Zhang S. Investigating landscape pattern and its dynamics in Daqing, China [J]. Int J Remote Sens, 2008 (26): 2259-2280.

[332] Zhao F, Li H, Li C, Cai Y, Wang X, Liu Q. Analyzing the influence of landscape pattern change on ecological water requirements in an arid/semiarid region of China [J]. J. Hydrol, 2019 (578): 124098.

[333] Liu W, Zhang Q, Liu G. Influences of watershed landscape composition and configuration on lake-water quality in the Yangtze River basin of China [J]. Hydrol Process, 2012 (26): 570-578.

[334] Hagen-Zanker A. A computational framework for generalized moving windows and its application to landscape pattern analysis [J]. Int J. Appl Earth Obs Geoinf, 2016 (44): 205-216.

［335］Wu Q, Hu D, Wang R, Li H, He Y, Wang M, Wang B. A GIS-based moving window analysis of landscape pattern in the Beijing metropolitan area, China ［J］. Int J. Sustain Dev World Ecol, 2006 (13): 419-434.

［336］Ai J, Yang L, Liu Y, Yu K, Liu J. Dynamic Landscape Fragmentation and the Driving Forces on Haitan Island ［J］. China Land, 2022 (11): 136.

［337］Bryceson D F. Sub-Saharan Africa's vanishing peasantries and the specter of a global food crisis ［J］. Mon Rev Indep Social Mag, 2009 (61): 48-62.

［338］Ellis F, Freeman H A. Rural livelihoods and poverty reduction strategies in four African countries ［J］. J. Dev Stud, 2004 (40): 1-30.

［339］Reardon T, Berdegue J, Escobar G. Rural nonfarm employment and incomes in Latin America: Overview and policy implications ［J］. World Dev, 2001 (29): 395-409.

［340］Rigg J, Nattapoolwat S. Embracing the global in Thailand: Activism and pragmatism in an era of deagrarianization ［J］. World Dev, 2001 (29): 945-960.

［341］Rigg J. Rethinking Asian poverty in a time of Asian prosperity ［J］. Asia Pac Viewp, 2018 (59): 159-172.

［342］Liu Y, Liu Y, Chen Y, Long H. The process and driving forces of rural hollowing in China under rapid urbanization ［J］. J. Geogr Sci, 2010 (20): 876-888.

［343］Liu C, Xu M. Characteristics and influencing factors on the hollowing of traditional villages—Taking 2645 villages from the Chinese traditional village catalogue (Batch 5) as an example ［J］. Int J. Environ Res Public Health, 2021 (18): 12759.

［344］Liu Y, Fang F, Li Y. Key issues of land use in China and implications for policy making ［J］. Land Use Policy, 2014 (40): 6-12.

［345］Rigg J, Salamanca A, Parnwell M. Joining the dots of agrarian change in asia: A 25 year view from Thailand [J]. World Dev, 2012 (40): 1469-1481.

[346] Zimmerer K S. Agriculture, livelihoods, and globalization: The analysis of new trajectories (and avoidance of just-so stories) of human-environment change and conservation [J]. Agric Hum Values, 2007 (24): 9-16.

[347] Yang L, Yang J, Min Q, Liu M. Impacts of non-agricultural livelihood transformation of smallholder farmers on agricultural system in the Qinghai-Tibet Plateau [J]. Int J. Agric Sustain, 2021 (20): 302-311.

[348] Steward A. Nobody farms here anymore: Livelihood diversification in the Amazonian community of Carvao, a historical perspective [J]. Agric. Hum. Values, 2007 (24): 75-92.

[349] Garcia-Barrios L, Galvan-Miyoshi Y M, Abril Valdivieso-Perez I, Masera O R, Bocco G, Vandermeer J. Neotropical forest conservation, agricultural intensification, and rural out-migration: The Mexican experience [J]. Bioscience, 2009 (59): 863-873.

[350] Ickowitz A, Powell B, Rowland D, Jones A, Sunderland T. Agricultural intensification, dietary diversity, and markets in the global food security narrative [J]. Glob Food Secur, 2019 (20): 9-16.

[351] Berget C, Verschoor G, García-Frapolli E, Mondragón-Vázquez E, Bongers F. Landscapes on the move: Land-use change history in a Mexican agroforest frontier [J]. Land, 2021 (10): 1066.

[352] Klepeis P, Turner B L. Integrated land history and global change science: The example of the Southern Yucatan Peninsular Region project [J]. Land Use Policy, 2001 (18): 27-39.

[353] Moseley R K. Historical landscape change in northwestern Yunnan, China—Using repeat photography to assess the perceptions and realities of biodiversity loss [J]. Mt Res Dev, 2006 (26): 214-219.

[354] Sohl T, Dornbierer J, Wika S, Robison C. Remote sensing as the

foundation for high – resolution United States landscape projections—The Land Change Monitoring, assessment, and projection (LCMAP) initiative [J]. Envi-ron Model Softw, 2019 (120): 104495.

[355] 梁士楚, 苑晓霞, 卢晓明, 等. 漓江水陆交错带土壤理化性质及其分布特征 [J]. 生态学报, 2019, 39 (8): 2752-2761.

[356] 欧明辉, 钟业喜, 陈华钦, 等. 鄱阳湖水陆交错带湖岛型聚落空间形态特征与优化 [J]. 江西师范大学学报 (自然科学版), 2022, 46 (5): 533-541.